内蒙古历史建筑 丛书

近现代工业建筑

吴迪　　主编

中国建筑工业出版社
CHINA ARCHITECTURE & BUILDING PRESS

图书在版编目（CIP）数据

近现代工业建筑／吴迪主编 . — 北京：中国建筑
工业出版社，2020.7
（内蒙古历史建筑丛书）
ISBN 978-7-112-25568-9

Ⅰ . ①近… Ⅱ . ①吴… Ⅲ . ①工业建筑—介绍—内蒙
古—近现代 Ⅳ . ①TU27

中国版本图书馆CIP数据核字 (2020) 第191183号

《近现代工业建筑》，选录内蒙古地区具有代表性的工业建筑五十余处。其中包括了内蒙古地区自近现代以来的冶炼、钢铁、机械、电力、煤化、轻工、能源、化工，以及纺织、制药、肉联、糖业、食品加工等建筑的遗址和遗存。通过对内蒙古地区现存部分重要工业建筑的介绍，可以了解自近现代以来，内蒙古的工业建设从无到有，逐渐发展的历史。尤其是中华人民共和国成立后，在中国共产党的正确领导下，内蒙古地区的工业建设得到飞速发展的光辉历程。

责任编辑：唐 旭
文字编辑：陈 畅
责任校对：王 烨

内蒙古历史建筑丛书
近现代工业建筑
吴迪 主编
*
中国建筑工业出版社出版、发行（北京海淀三里河路9号）
各地新华书店、建筑书店经销
内蒙古启原文物古建筑修缮工程有限责任公司制版
临西县阅读时光印刷有限公司印刷
*
开本：880毫米×1230毫米 1/16 印张：13 字数：346 千字
2021年5月第一版 2021年5月第一次印刷
定价：139.00元
ISBN 978-7-112-25568-9
（36334）

序

　　《内蒙古历史建筑丛书》是内蒙古自治区建设、文物、考古部门的有关专家协作编写的一套内蒙古历史建筑类丛书。本书较全面地介绍了全自治区各地现存的古遗址、古墓葬、古建筑、重大历史建筑、少数民族建筑、近现代历史建筑。

　　《革命遗址建筑》，收录了内蒙古地区现存具有代表性的革命建筑近百处。这些建筑中，有革命先辈的故居、革命活动的旧址、烈士陵园、纪念馆、纪念碑以及反映历史上不同时期重大事件的建筑等。

　　革命遗址建筑是革命历史的载体，记载和见证了内蒙古各族人民近百年来维护国家主权，抵御外侮，在中国共产党的领导下争取民族解放的长期卓绝的斗争历史。这些建筑都是我们牢记历史，缅怀先烈，进行爱国主义、革命传统教育的宝贵资源。

　　《草原文明建筑》，以较大篇幅收录、记载了在内蒙古大地上，从人类原始社会石器时期最古老的"洞穴"、"半地穴"遗址，到青铜时代草原先民建立的居住遗址，以及数千年前的商周城址、秦汉长城和唐宋、辽金、西夏、元明时期到近代的村落、驿站、窑址、墓葬、石窟等建筑遗存。

　　大量的古遗址、古建筑以及遗存的各种生活用具和墓葬绘画等，不仅记录了不同时期草原先民狩猎、游牧、农耕的生活场景，也见证了草原历史上曾有过的建筑文明。

　　《民族传统建筑》，选录了内蒙古地区现存早期和近现代的古建筑五十余处。这些古建筑各具民族特色和地域风貌。其中有不同历史时期的各种民居，以及王府、衙署、寺庙、古塔、教堂、商肆、会馆、戏台等建筑。这些古建筑具有代表性和典型意义，是内蒙古地区不可多得的历史建筑。

　　内蒙古现存众多不同历史时期的古建筑，不仅让人们看到了内蒙古地区传统建筑中的历史和人文价值，也展示了我们中华民族的智慧和伟大祖国多元多彩的建筑文化。

　　《近现代工业建筑》，选录内蒙古地区具有代表性的工业建筑五十余处。其中包括了内蒙古地区自近现代以来的冶炼、钢铁、机械、电力、煤化、轻工、能源、化工以及纺织、制药、肉联、糖业、食品加工等建筑的遗址和遗存。

　　通过对内蒙古地区现存部分重要工业建筑的介绍，可以了解自近现代以来，内蒙古的工业建设从无到有，逐渐发展的历史。尤其是新中国成立后，在中国共产党的正确领导下，内蒙古地区的工业建设得到飞速发展的光辉历程。

《名城名镇名村历史街区建筑》，着重介绍了呼和浩特市国家历史文化名城和内蒙古地区具有代表性的历史文化名镇、名村、历史文化街区及传统村落数十处。其中一些历史悠久的名镇、名村、传统村落都是多民族杂居的。其民居类型多样，有撮罗子、木刻楞、蒙古包、窑洞房、土砖房等。这些建筑都是人类信念与智慧的结晶。

　　内蒙古地区现存的历史名镇、名村、传统村落，其居住环境、街区布局都各有特色，不仅保存了历史上不同时期的街区景观、建筑风格和建筑艺术，还保留了当地民众千百年来形成的传统民俗以及传承至今的节庆活动。这些城镇和村落不仅展示了历史的厚度，也传承了文脉，留住了乡情。

　　本套丛书在系统调查和科学研究的基础上，论述了内蒙古地区历史建筑形成的源流和其演变、传承的发展史，并较为详细地介绍了各个不同历史阶段的各种建筑和建筑艺术以及历史建筑的时代背景、民族文化的传承等相关知识，是一套较全面反映内蒙古自治区历史建筑的丛书。

冯任飞

2020 年元月

目录

第一篇 呼和浩特市工业遗产

一、现医科大学印刷厂

建筑简介

现医科大学印刷厂位于呼和浩特市通达北路东侧，新华大街北侧，文化宫街西侧，附属医院商圈内，是日军侵华时期所建。

印刷厂周边建筑年代普遍较早，周边建筑类型较为丰富，有医院、教学建筑、住宅楼等，印刷厂附属医院住院部北侧、附属医院门诊楼东侧，临近医科大学附属幼儿园，周边建筑大部分为多层建筑，景观绿化较多。该建筑占地面积为686平方米，建筑面积为1405平方米，建筑高度为7米。该建筑属于典型的日式建筑结构，以砖木结构为主。由于日式建筑使用材料的特殊性，一般需要进行定期更新，抗日战争胜利后日军撤离归绥，印刷厂被保留下来，但没有再进行修缮，目前同时期的同类型建筑均已被拆除。

现医科大学印刷厂现状一

现医科大学印刷厂现状二

现医科大学印刷厂航拍图一

历史沿革

印刷厂建于 1937 到 1940 年之间，1937 年七七事变后，日军侵入归绥等城市，在内蒙古西部地区建立傀儡政权，在"蒙疆"地区建立银行，组织公司，调查资源，进行经济掠夺，在这个时期由日本人建立印刷厂。

建筑价值

现医科大学印刷厂位于内蒙古医科大学回民校区内，建筑建于 1937 年到 1940 年之间，由日本人设计建造。该建筑的使用功能随着主体使用者的变化而变化，现该建筑作为内蒙古医科大学的印刷厂使用，建筑仍保持原有建筑形态，目前建筑内部部分已闲置。建筑所特有的日式建筑风格使其在该区域独树一帜，典型的砖木结构是早期亚洲地区的建造方式。建筑立面的竖向分割方式、建筑室内外空间的过渡以及建筑形体的凹凸变化展现了建筑的特性。建筑材料就地取材，展现出建筑的朴质与精细。

在城市发展的进程中该建筑一直被较好地保留下来，该建筑是历史重大事件的见证，是中国近代工业留下的遗迹，是这片区域内最大的单体建筑。工业建筑的特点就是以最直接、最干练的形式满足生产需求。

建筑特征

建筑呈一字形布局，为砖木架构，外墙裸露的红砖展现出建筑最真实的样子。因是日本人留下的建筑，建筑保留着鲜明的日式建筑特点，外表简洁、装饰少，给人安静、干净、雅致的感觉。建筑立面简洁大方，二层造型丰富，采用坡屋顶形式，建筑外立面的红色砖墙流露着岁月的痕迹。

从目前的调研考察来看建筑木质屋檐破损较为严重，但建筑结构基本保存完好，室内空间采光条件较好，墙壁刷有白色和蓝色油漆，是具有一定保留价值的历史建筑。

现医科大学印刷厂航拍图二

现医科大学印刷厂立面一　　现医科大学印刷厂立面二

现医科大学印刷厂立面三　　现医科大学印刷厂立面四

现医科大学印刷厂立面五　　现医科大学印刷厂立面六

二、内蒙古第一毛纺厂

建筑简介

内蒙古第一毛纺厂于 1956 年建厂，位于呼和浩特市鄂尔多斯大街南侧，锡林郭勒南路东侧，双树北巷北侧。该厂曾荣获市级、自治区级、全国级各种集体奖项 100 余件次，其中百分之八十是改革开放后（1980～1986年）五年中获得的。其曾荣获"中纺部红旗单位"、"自治区先进标兵企业"、"全国纺织职教先进单位"、"全国大庆式先进企业"、粗绒甲班细纱小组 1984 年曾荣获"全国纺织工业劳动模范先进集体"称号。

内蒙古第一毛纺厂侧立

内蒙古第一毛纺厂纺纱车间

内蒙古第一毛纺厂现状一

内蒙古历史建筑丛书

近现代工业建筑

史沿革

内蒙古第一毛纺厂选址于呼和浩特南郊，
56年3月破土动工，建成于1957年秋季，1958
元旦，内蒙古第一毛纺织厂正式投产。紧接着，
二、第三、第五、第六毛纺织厂以及毛条总厂、
机厂等毛纺企业先后在这片土地上落成，逐渐
成了中国最大的现代化毛纺织工业基地。

第一毛纺厂投产后，为内蒙古乃至整个华北
区人们的生活起居作出了极大贡献，也大力推
了内蒙古地区经济的发展。据记载，内蒙古第
毛纺厂纱锭数最高达到8000锭，从建厂时年利
1200万元，到鼎盛时期年利税上升到8000万
1958年至20世纪90年代末，贺龙、罗荣桓、
荣臻、叶剑英、陆定一、习仲勋、李瑞环、李
等曾先后到内蒙古第一毛纺厂视察指导工作。

改革开放时期，随着时代的发展，企业从计
经济迅速转向市场经济，企业对旧体制进行改
重用技术人才，十年中开发、研制出数以千
的花色新品种，上市后受到全国消费者的青睐，
毛纺业重振雄风。以曹兰高级工程师为首的新
品开发办的工程技术人员，正在研制国内最新
品"稀土防蛀绒线"。

20世纪80年代末，正是内蒙古毛纺业的鼎
时期，自治区的毛纺工业是全国纺织业的领军
，是全区的利税大户。为了巩固和发展我区的
族工业，唱响自治区的毛纺品牌，呼市纺织局
及内蒙古轻工业厅开始在全国实施毛纺品牌广
战略。

20世纪90年代初，仍然是内蒙古毛纺集团
鼎盛时期。四十多年来，集团仍保持首府地区
龙头企业、支柱产业和利税大户。随着国内市
场的需求，内蒙古第一毛纺厂数以千计的新产品
花色上市，传统的牛皮纸、塑料袋包装已不适应
场销售，工厂市场部设计组人员经过市场调研，
全区率先设计出一套团绒及羊绒衫高档系列包
品。各种包装曾荣获自治区包装"金奖"及中
华北地区包装设计大赛"铜奖"，产品连续三
荣获全国畅销商品"金桥奖"。该产品率先由
来的"实用型"转为社会时尚的"礼品型"，
新的绒线产品在全国市场供不应求。

内蒙古第一毛纺厂现状二

内蒙古第一毛纺厂现状三

内蒙古第一毛纺厂现状四

内蒙古第一毛纺厂现状五

内蒙古第一毛纺厂现状六　内蒙古第一毛纺厂现状七

内蒙古第一毛纺厂获得的奖项

内蒙古第一毛纺厂现状八

建筑价值

　　内蒙古第一毛纺厂是呼和浩特市20世纪70年代的重要工业建筑组群，在城市发展的进程中该建筑群一直被较好地保留下来，现状建筑的使用功能随着主体使用者的变化而变化，但建筑仍保持原有形态，现在是呼和浩特市为数不多的工业遗存建筑，在该区域内具有重要的标志性，是城市记忆的一个重要载体。现厂区部分已闲置，南侧改造为金宇集团山丹羊绒制品公司。

建筑特征

　　内蒙古第一毛纺厂建筑组合形式多样，造型丰富，占地面积47305平方米，由四组建筑组团所组成，其中生产车间位于厂区北侧，现成为金宇集团的销售部门，厂区东侧为加工车间，厂区的西侧为锅炉房，办公楼位于厂区南侧，现为员工宿舍。建筑多为砖混结构，外立面多为砖墙，建筑整体保留基本完整，结构完好。整个建筑群关系井然有序，建筑群所围合的空间具有很好的改造前景与改造潜力。厂区周边多为住宅、商业综合体，北侧为凯德MALL购物中心，西侧为新开盘的金宇商业综合体，南侧为嘉和国际小区。毛纺厂紧邻城市干道锡林郭勒南路，交通十分便利。

内蒙古第一毛纺厂航拍图一

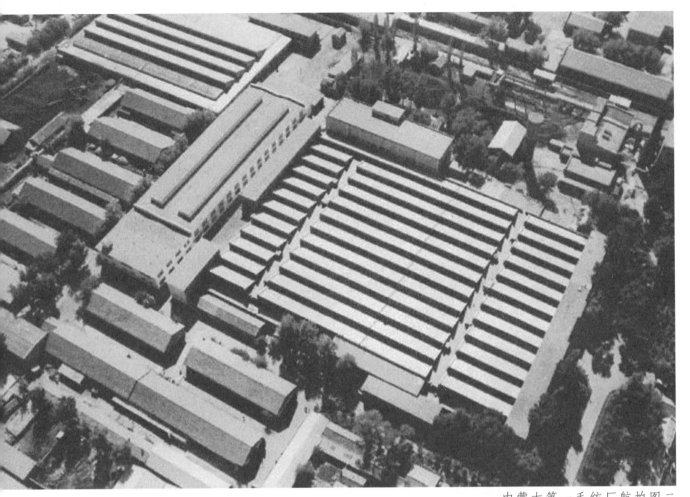

内蒙古第一毛纺厂航拍图二

内蒙古第一毛纺厂现状九

三、伊利集团

建筑简介

伊利集团成立于1993年，位于呼和浩特市土默特左旗经济技术开发区金山开发区金山大道8号。是目前中国规模最大、产品线最全的乳制品企业。伊利集团是中国唯一一家符合奥运会标准，为2008年北京奥运会提供服务的乳制品企业。2017年8月30日，伊利集团成为北京2022年冬奥会和2022年冬残奥会官方唯一乳制品合作伙伴。伊利成为中国唯一同时服务于夏季奥运会和冬季奥运的健康食品企业。伊利集团现有产品中有液态奶、奶粉、酸奶、冷饮。

伊利生产车

伊利牧

伊利集团厂区建筑物

历史沿革

萌芽——1956 年呼和浩特回民区成立养牛合[作]小组;1958 年改名为"呼市回民区合作奶牛场",[拥]有 1160 头奶牛,日产牛奶 700 公斤,职工人[数]117 名,即是伊利的前身;1970 年奶牛场改名[为]"呼市国营红旗奶牛场";1983 年奶牛总场"一[分]为二",养牛部成立"呼市回民奶牛场",加[工]部成立"呼市回民奶食品加工厂"。

成长期——1993 年 2 月,呼市回民奶食品加[工]厂改制。改制由 21 家发起人发起,吸收其他[法]人和内部职工入股,设立伊利集团,并于 1993 [年]6 月 14 日更名为"内蒙古伊利实业股份有限[公]司"。1993 年 7 月成立伊利冷饮事业部。事业[部]成立后,公司以产品类别划分进行管理,开启[品]牌化运营模式,为冷饮持续 19 年领跑行业发[展]奠定了扎实基础。

壮大期——1996 年 3 月 12 日"伊利股份"[在]上交所挂牌上市,成为全国乳品行业首家 A 股[上]市公司。1997 年 2 月,内蒙古伊利实业集团股[份]有限公司正式成立。1998 年推出伊利优酸乳,[创]造了一种全新的品类,开创了伊利液态奶时代[的]蓝海,并由此开创了中国乳饮料市场的新格局。[1]999 年成立中国乳业第一个液态奶事业部,带领[全]国乳业全面进入"液态奶时代"。到 2000 年,[伊]利集团实现全国同行业利税第一。2007 年推出[金]领冠系列婴幼儿产品,这是国内第一款应用中[国]母乳研究成果的配方奶粉,也是国内第一款针[对]中国宝宝体质特点而开发的配方奶粉,当年就[荣]获 2007-2008 年中国食品工业协会科学技术奖。[2]009 年牵手上海世博会,也成为国内唯一一家符[合]世博标准、为 2010 年上海世博会提供乳制品[的]企业。

腾飞期——2010 年,伊利集团品牌升级,公[布]了新的标识、品牌主张和企业愿景。伊利集团[以]"滋养生命活力"为新的品牌主张,向"成为[世]界一流的健康食品集团"的愿景迈进,提供健[康]食品,倡导健康生活方式,引领行业健康发展。[2]011 年 10 月伊利作为亚洲首家、中国唯一一家[加]入"国际冰淇淋协会"的企业。作为 2012 年[伦]敦奥运会中国体育代表团营养乳制品的提供企

业,伊利持续为中国奥运军团提供营养支持。2015 年 7 月 29 日,在荷兰合作银行发布的"2015 年度全球乳业排名"中,伊利蝉联全球乳业 10 强,继 2014 年后再次成为全球乳业第一阵营中的唯一亚洲乳企。这些是伊利积极推动"中国产品向中国品牌转变"的重要成果,充分展示了伊利的全球影响力和国际话语权。2016 年 7 月 25 日,在荷兰合作银行发布的 2016 年度"全球乳业 20 强"中,伊利的排名跃升至全球乳业 8 强。这一名次不仅是中国乳制品企业有史以来的最好成绩,同时也是亚洲乳企迄今的最高排名,被认为是中国正式迈入全球乳业强国和改写全球乳业格局的重要标志。

建筑价值

科学技术价值——伊利集团与荷兰瓦赫宁根大学、新西兰林肯大学、澳大利亚维多利亚大学、美国加利福尼亚大学等国外知名大学合作研发的食品安全战略、乳业全产业链技术创新、母婴营养研究都有积极的技术价值。伊利集团承担的国家科技攻关项目 8 项,内蒙古自治区重大科技专项累计 10 余项。在乳糖消减技术、母乳数据库研究、乳品安全早期预警、益生菌应用开发、乳品深加工技术及新产品开发方面都具有自主知识产权的核心技术,并取得了多项重大成果。伊利发明的多项专利(包括发明专利 469 项,实用新型专利 498 项),这些都是伊利集团科技价值的深刻体现。

社会价值——伊利集团的成立极大地促进了内蒙古地区奶制品的发展,其奶制品畅销全国各地,深受全国各地人民的喜爱,极大地促进了内蒙古地区经济的发展,伊利集团的成立解决了内蒙古地区上万人口的就业问题,工人把生活的一切都交给了企业,企业则代替政府管理工人,体现了其社会价值。

文化价值——伊利打造的"基础开发 - 技术升级 - 产品开发"的三级研发平台。一级平台主要是基础性研究;二级平台致力于对产品和技术进行前瞻性的研究;三级平台针对不同区域、不

第一篇 呼和浩特市工业遗产

19

伊利集团厂区建筑物二

伊利集团航拍图一

伊利集团生产车间内部

建筑特征

伊利集团紧邻金山大道,位于呼和浩特市x区。其附近有内蒙古医科大学南校区、土左旗x山学校。整体厂区面积十分庞大。厂区内现有x公楼、生产车间、草原乳文化博物馆。办公楼x型较新颖,大面积的玻璃颇具现代主义风格,采用屋顶外包的形式。厂房外墙的材料都是白色x墙涂料。

伊利集团新园区的总体规划是从工业园区x基本功能着手,通盘考虑人流、物流以及今后x业旅游的路线与环境空间的要求,从内蒙古呼x浩特市的地方特点和民族历史文化积淀出发,x找合适的设计元素,创造伊利集团的环境景观x色。绿化设计除了体现艺术效果之外,还选择x对工业生产不会造成污染的植物品种。新园区总体环境景观构图,除考虑到工业园区的基本功x外,还为日后工业旅游规划了参观路线。在为x产服务的主干道框架的基础上,又适度增加了x人活动的游步路线与特色环境景观空间。厂区x的"乳都飞虹"主题景园位于新工业园联合厂x建筑正门前,平面构图采用中轴对称的形式,x面结合地形高差,采用三步错层台阶,将步道、跌水构造其中,地面的主题图案采用白色石材,设计成具有流动感的铺装,配合中轴水景的液x感,使"白色"、"流动"、"液体"等环境要素同时出现,这些要素自然会使人在意向上产生"牛奶"的联想,这正是环境设计对伊利产品的景观化的诠释。

厂区内"利乐包"主题雕塑的设计灵感源于伊利牛奶的包装。厂区内的文化广场除了景观信息的作用外,还很好地体现了伊利的企业文化,广场的设计理念来自于"书法",在认真研究伊利的企业文化之后,最终提炼出一些经典的文字用"阴阳鼓"的形式篆刻于花岗石铺地之上,以此在体现中国书法与印章篆刻美的同时,使人对伊利的成功之道也会有所感悟。

同消费群体的特殊消费需求进行现有品类产品研发。伊利集团对自己有高要求的企业信条:100%用心,100%安全,100%健康。伊利集团对消费者高度负责的企业愿景,使之成为值得信赖的健康食品提供者,为世界提供优良品质的产品和服务,倡导人类健康生活方式引领全球行业发展,善尽社会责任,这些都是其文化价值的内在体现。

伊利集团厂区建筑物三

伊利集团航拍图二

四、呼和浩特市钢铁厂

建筑简介

　　呼和浩特钢铁厂始建于1958年，1959年投产，是内蒙古的重点中型钢铁企业，是呼和浩特最具有特色的工业遗产之一。作为钢铁厂，呼钢虽比不上包钢规模宏大、影响深远，但作为呼市第一个钢铁厂对城市的经济发展、城市人口有重要的意义，是内蒙古自治区冶金发展史的组成部分。原呼钢工业遗址占地约150公顷，位于西郊偏北部。区位优越，交通便利，有很大的开发潜力。前后经历40年的历史。1996年破产，后更名为金海工业园区厂区。

原第一轧钢厂主厂房

现650轧钢厂立面

呼和浩特市钢铁厂现状航拍图一

内蒙古历史建筑丛书

近现代工业建筑

历史沿革

从1958年到1961年是建厂初期，为呼钢形成中型钢铁联合企业的基础，1958年，顺应上级的号召"边建设、边施工、边做生产准备、边生产"，兴建一、二、三号炼铁炉，1959年投入使用。虽然其生产流程衔接差、施工质量差对材料造成极大的浪费，但作为首次在呼和浩特地区生产钢，给呼和浩特人民带来了喜讯，影响巨大。

从1965年开始，为支援内蒙古少数民族地区建设，天津轧钢一厂线材车间迁入呼钢，改变了原来的隶属关系，呼钢由原来的市重工业局交由内蒙古自治区重工业厅领导。1977年开始了建厂发展时期，生产量增加，扭转了呼钢亏损的局面。后开始注重职工技术教育和文化教育，开设教育培训基地、小学、技工学校等教育类建筑。到1984年，呼钢已有15个集体企业并成立了以呼钢为主的半联合钢铁企业。

建筑价值

文化价值——呼市钢铁厂的发展提高了呼市人民的生活水平，也凝聚了呼市人民的感情，部分街道以呼钢命名，如"呼钢东路"。工业时代所遗留的大量的工厂、厂区工业建筑和构筑物以及周围的街道，都逐渐融入城市，成为城市景观重要的组成部分，与工业遗产相结合的环境景观设计也是彰显每个城市历史遗产文化内涵的重要手段。呼钢的文化存在于呼市人民的心中，是呼市人民抹不去的记忆。

经济技术价值——主厂房是一座框架结构、大开间尺度的工业建筑，也是呼钢工业遗址的地标性建筑。主厂房（650厂房）长318米，宽66米，建筑面积22799平方米。建筑入口在南边，靠近城市道路，厂房东部体量摆脱墙体，暴露桁架结构，形成灰空间，同时也形成了很好的工业景观。单体建筑单层跨度大、层高高，其支撑结构为排架结构，结构清晰。带有天窗，三个一组形成韵律，建筑立面采用均质的开窗形式屋檐和门窗处的线脚统一处理，体现出整齐统一的美感。

650 轧钢厂现状图一

650 轧钢厂现状图二

650 轧钢厂现状图三

呼和浩特市钢铁厂储蓄罐一　　呼和浩特市钢铁厂储蓄罐二

呼和浩特市钢铁厂现状一

呼和浩特市钢铁厂现状二

呼和浩特市钢铁厂现状三

呼和浩特市钢铁厂现状四

建筑特征

厂区规模——厂区规模较大，主要包括两〇部分：主要生产单位和辅助生产单位。主要生〇单位包括：轧钢厂、钛合金厂。辅助生产单位包括〇动力供应厂、机修厂、运输厂，以及总厂党群〇统、劳动服务公司、教育处（包括子弟中学一所〇子弟小学二所、技工学校一所、电视大学一所）〇职工人数约占当年呼市总人口的十分之一左右，〇一跃成为呼和浩特最重要的工业企业。

厂区布局——整个厂区处于城市道路交〇口，南边为新华西路，东边为呼钢东路。厂区内〇部道路保存完好，棋盘式布局。厂区内东西一〇主道路由呼钢东路的东入口进入。将整个厂区一〇分为二。东北角为一轧钢厂，是自治区冶金工〇系统重要的生产单位，特别对呼钢的发展起着重〇要的作用。总建筑面积为 29285 平方米，其中主〇厂房（650 厂房）面积为 22799 平方米。东南〇为原二扎厂，占地面积 24 万平方米。厂区布〇采用前办公后生产的模式，院落式布局。生活区〇办公区和生产区南北纵向排布。中间由道路分隔〇空间轴线明确。南边的生活区包括食堂，北部生〇产区主要为线材车间，保证了生产流线的清晰和〇生产的完整性。整个厂区形成封闭的院落式布局〇各个厂房自成院落又相互联系。

呼和浩特市钢铁厂现状航拍图二

呼和浩特市钢铁厂储蓄罐三

五、呼和浩特市汽车修配厂

建筑简介

原呼和浩特市汽车修配厂（现内蒙古飞
鹰汽车齿轮有限责任公司）位于呼和浩特市
回民区海拉尔西街北侧，附件厂南巷南侧，
巴彦淖尔北路东侧，扎达盖河西侧。

厂区建于 1958 年，占地面积为 142380
平方米，原为呼和浩特市汽车修配厂，现为
内蒙古飞鹰汽车齿轮有限责任公司。厂区内
建筑为生产性车间，是呼和浩特市当时重要
的工业工厂车间，该建筑是那一时代的见证
及工业文化的载体。

呼和浩特市汽车修配厂现状一

呼和浩特市汽车修配厂现状二

呼和浩特市汽车修配厂现状三

历史沿革

原呼和浩特汽车修配厂是呼和浩特市 20 世纪 70 年代的典型工业建筑，始建于 1958 年，原厂为汽车大修厂，最开始为国有企业，现为民营企业，属于内蒙古飞鹰汽车齿轮有限责任公司。

建筑价值

在计划经济的模式下，各地区都会建立必要的工业产业，以满足社会生产生活的需要，汽车修配厂就是呼和浩特市在这一特定时间段内社会经济发展的产物。随着改革开放，社会生产及经济发展方式的变革，厂区也经历了由兴盛向衰落的转变。因此整个厂区的发展脉络也就成为中华人民共和国成立后至改革开放以来经济社会发展的缩影。看着已经凋敝的厂区以及园区内凌乱生长的老树，感觉到社会发展的巨大力量所带来的兴衰巨变。但同时，这种变革下又存在着巨大的契机。原有的落后的生产方式被替代，但却给建筑留下了时代与人文的气质，现如今城市的大规模改造建设，推倒了束缚城市发展的旧建筑，但也抹去了城市昔日的文化，遗留的工业建筑成为时代赋予城市的礼物。所以现存的工业历史建筑就变得更加弥足珍贵。同时，像北京 798、上海 1933 等工业建筑改造利用的成功，更加说明工业建筑具有被再利用的巨大潜力。汽修厂作为一组群体建筑，存在着旧瓶新装的巨大可能性，如可以作为艺术家工作坊、儿童培训中心等新的社会功能，完全可以保留原有的建筑风貌，只需对厂区的空间环境进行有效的整合，即可促使厂区重新焕发生机，而不是静静的破败下去，这也是对工业历史建筑价值的有效提升。

建筑特征

原呼和浩特汽车修配厂为一组建筑群，修理车间位于厂区北侧，改装车间、锻工车间、热处理车间依次排列位于修理车间的南侧，金工车间位于厂区的最南侧。整个建筑群关系紧密，建筑空间呈线性布置，建筑主要材料为砖，立面构造简单大方。各个建筑组团之间依据功能，在平面布局和空间结构上形成良好的组成关系。群组内建筑虽多为砖混结构，历经四十多年的风雨，建筑外立面也多有破损，但建筑整体和内部结构基本保存完好，不同体量的建筑与树木相互掩映，仍给人以强大的冲击力。

汽车修配厂立面图一

汽车修配厂立面图二

汽车修配厂立面图三

汽车修配厂立面图四

六、骏马牌洗涤剂厂

建筑简介

骏马牌洗涤剂厂又名呼和浩特合成洗涤厂，位于呼和浩特市玉泉区三里营南路南侧，南二环高架路北侧，石羊桥路东侧，锡林郭勒南路西侧。

厂区建于1965年，曾是内蒙古自治区20世纪60～70年代最出名的工厂建筑之一，曾承担着呼和浩特市轻工业发展的重要职能，是呼和浩特市轻工业的代表厂区，厂区内建筑具有工业化时期的建筑特点。

厂区总体布局大致呈矩形，占地面积约46137平方米，厂区内现存五栋主要建筑，采用平屋顶形式，其中1号单体建筑位于场地北侧，2号、3号、4号、5号为组合建筑，分布于场地南侧。建筑层数为2～4层。建筑立面上有突出的构造柱，起到加固防护作用。砖砌墙体，纹路清晰，体现出中国传统居民的韵味。

洗涤剂厂所生产的骏马牌洗衣膏，是当时家户户洗衣的标准配置，当时的化工产业并不达，所能使用的化学原料并不是很多，提纯工也差，并且所有原料都是按照人工实验的结果行配比，所以那个年代的洗衣产品都偏碱性，马牌洗衣膏膏状稳定性强，不易分解，容易保存。在洗衣膏出现以前，人们都使用肥皂洗衣服，有了洗衣膏，味道变得清香，溶解污渍更快，受大家的欢迎。后来这款产品在当时的电视剧频繁亮相，成为当时整个华北地区乃至全国家户晓的洗衣产品，即使在后来出现洗衣粉的时候深入人心的骏马牌洗衣膏的销量仍然高于其他衣产品。

骏马牌洗涤剂厂南立面

建筑价值

骏马牌洗剂厂是呼和浩特市20世纪60年代[的]重要工业建筑，在整个内蒙古地区乃至华北地[区起]到举足轻重的经济支撑作用，是华北地区内重[要]的标志性厂区，是城市工业时期记忆的一个重[要]载体。20世纪60～80年代是内蒙古自治区[工]业发展的鼎盛时期，在此期间，骏马牌洗涤剂[厂]不仅为内蒙古经济发展作出卓越贡献，也为全[市]人民的生活起居提供了很大帮助。由于改革开[放]以后工业生产效率的提升，厂区规模逐渐缩小，[到]后来废弃停产，现已闲置。

呼和浩特市骏马牌洗涤剂厂周边建筑均为近[现]代建筑，年代大多数为20世纪90年代左右，[大]部分为办公建筑和居住建筑，周边景观绿化较[好]。厂区临近城市道路石羊桥路，交通优势明显。[作]为曾经华北地区的一个重要的工业建筑，骏马[牌]洗涤剂厂承载了一代人的记忆，具有极高的文[化]历史价值。

建筑特征

骏马牌洗剂厂为一组建筑群，建筑群由五组建筑组团所组成。群组内建筑多为砖木结构，外[立]面主要建筑材料为红砖，建筑所围合的空间品[质]较好，建筑形体、空间秩序感较强；建筑曾为[其]他机构使用，内部曾经的装饰也依稀可见，鉴[于]建筑的完整性与鲜明的建筑特征，其保留价值[较]大。

建筑立面墙体有不同程度破损，但建筑主[体]保存完好，具有很好地改造前景与改造潜力。[简]洁有力的建筑形体、斑驳的墙面、开敞的室内[空]间，散发着非常浓重的近代历史工业气息，使[人]们依稀能够感受到几十年前这里的一片繁荣景[象]。

骏马牌洗涤剂厂现状一

骏马牌洗涤剂厂现状二

骏马牌洗涤剂厂现状三

骏马牌洗涤剂厂外景

七、呼和浩特市众环集团有限公司

建筑简介

呼和浩特市众环集团有限公司（呼和浩特机床附件厂）作为工业建筑，位于回民区成吉思汗西街南侧，附件厂南巷北侧，巴彦淖尔北路东侧。呼和浩特机床附件厂曾经是呼和浩特市众环集团有限公司的前身。呼和浩特机床附件厂是烟台机床附件厂于20世纪60年代向西部大开发搬迁建成的装备制造企业，这一搬迁过程是在特殊历史时期为备战需要进行的厂区转移，为内蒙古地区装备制造业打下了扎实的基础。厂区是当时世界上规模最大的卡盘制造商之一，同时也是我国卡盘类机床附件产品的新品开发、研究、测试和出口的代表性基地。众环集团占地面积为160234平方米，除了留有必要道路，其余均为厂房建筑共有九处，建设质量相对较好。

众环电润车间一

众环电润车间二

众环联合厂房一

内蒙古历史建筑丛书

近现代工业建筑

历史沿革

1964年国家提出加强三线国防建设,从备战需要出发,将沿海地区的老装备制造企业向内地、沿边及三线地区搬迁建设,变更国家整体的工业布局形式。正是这一时期,西部开始了浩浩荡荡的大规模投资建设,因此为西部装备制造业奠定了一定的基础。

呼和浩特市众环集团有限公司(呼和浩特机床附件厂)的前身为烟台机床附件厂,烟台机床附件厂的创建可追溯到抗日战争时期。1949年,在原兵工厂的基础上建成了"烟台机械厂",1951年烟台机械厂改为"华东工业部烟台机器厂"。1956年该厂根据第一机械工业部指示改名为"烟台机床附件厂",一直持续到1965年成为专业生产机床附件的厂家。

1965年国家批准将内蒙古探矿机械厂交付第一机械工业部使用,将烟台机床附件厂卡盘类技术设备和人员搬去建厂。1966~1976年呼和浩特附件厂完成建厂阶段,并开始快速发展,还进行了大面积的扩建,为厂区完善了相应的配套设施。在艰苦的条件下,厂区职工排除各类困难与干扰,完成了搬迁和建厂任务。

1977~1995年,呼和浩特市机床附件厂进入调整改革阶段。改革开放让机床附件厂获得了新生,厂区的发展脚步也逐渐加快。到1985年末,机床附件厂成为了机械工业企业中唯一一家大型企业。2000年企业进行股份制改造,成立了股份公司。2008年以来,受到金融危机的影响,发展脚步也逐渐放缓。

众环锻工办公室

众环锅炉房

联合厂房车间内部一

联合厂房车间内部二

热处理车间内部

众环联合厂房二

众环钢材及成品库

建筑价值

　　呼和浩特市机床附件厂的建立与发展初期是根据国家行政目的来推动的，为备战的需要，对一些工业厂区搬迁，也是当时的计划性经济的典型产物。同时呼和浩特市机床附件厂弥补了内蒙古地区在卡盘等机床附件生产上的空白时期，加强了内蒙古地区的科学研究和工业技术水平的发展，是内蒙古装备制造业发展过程中的一个重要的环节。也是当时工业企业发展模式与发展方向的典范，具有鲜明的计划性工业厂区特征。

建筑特征

　　呼和浩特市众环集团有限公司的建设对城市空间布局、政治经济发展、装备制造业的空缺弥补产生巨大影响。在建筑群体规划上形成了集中式布局形式，功能分区明确。呼和浩特市众环集团有限公司在该区域乃至整个市区范围内都是重要的标志性工业建筑，具有重要的标识性和文化性，承载着工业时期的城市记忆。同时，居住区与工业区的独立分开设计，体现了当时以厂区为中心，进行配套设施建设的鲜明特征。现众环集团仍在生产，周围的居民仍旧以以往的生活方式生活着，生动形象地勾勒出了历史时代的印记。

众环卡盘测试研究中心

众环热处理厂房部

众环锻工分厂部

众环卡盘测试楼

众环铸工车间

八、内蒙古煤矿机械厂

建筑简介

内蒙古煤矿机械厂位于呼和浩特市回民区光明大街北侧，盐站西巷东侧，北面为京包铁路，同时毗邻城市环路，交通便利，街道尺度大，但周边绿化较少。机械厂周边的工业建筑大多数已废弃，现拆迁为高层小区，只有煤矿机械厂得以保留。内蒙古煤矿机械厂占地面积为11221平方米，厂区整体布局为矩形，中间有一个广场，根据当时的使用功能的不同，分为两个机修车间、铆焊车间、托辊车间。机修车间为单层的工业建筑，位于厂区南部，共两座，造型大致相同，建筑平面呈一字形布局，立面有小幅度破损，建筑整体保存完好。铆焊车间位于厂区的东北部，建筑平面呈一字形布局，为两层的工业建筑。由于缺乏管理，建筑周边环境比较杂乱。托辊车间位于厂区的西北部，建筑平面呈东西一字形布局，建筑的主要入口偏于东侧，

为红色双开大门。两层矩形窗户的布置形式给内部一种宽敞明亮的空间感受。

煤矿机械厂机修车间一

煤矿机械厂航拍图

史沿革

内蒙古煤矿机械厂是呼和浩特市20世纪70年代的典型工业建筑，始建于1969年，是当时治区唯一生产煤矿采运设备的专业厂家。1987，煤矿机械厂实行企业承包制。从1987年11至1989年，厂区进行了深入的改革，勇于创新，客观的角度分析了企业的发展之道，制定了相的改革政策，正是这一时期，让内蒙古煤矿机厂又上升了一个高度。同一时期被呼和浩特府授予先进企业和精神文明先进单位。

随着经济体制的改革与创新，工业厂房也退了人们的视野。随着时间的推移，大多年久失的工业建筑或坍塌或拆迁，但煤矿机械厂作为时的主要工业厂区，保留下来成为了呼和浩特为数不多的工业遗存建筑。如今的煤矿机械厂在改造，再次展现出了当时的工业气息。

筑价值

煤矿机械厂是呼和浩特重工业的代表厂区，呼和浩特市工业体系中占据重要位置，能够代20世纪60～20世纪70年代的工业面貌，在区域内具有重要的标识性，承载着工业时期的市记忆。在呼和浩特市的发展过程中，工业制是城市发展中的重要阶段和基础。煤矿机械厂为当时的领军企业，在工业文化以及呼和浩特城市发展历史文化起到了举足轻重的作用。尽经历经济体制的改革转型，大多数的工业建筑废弃、破损，但在文化历史发展的长河中仍代表一个重要的环节。

内蒙古煤矿机械厂，无论从文化角度或设计度，都代表了一个时代的特征。文化方面，它表了当时的工业文明；设计方面，它代表了当的工业建筑特征。内蒙古煤矿机械厂作为工业遗存建筑，无论从哪个角度来讲，都具有较高的历史保护价值。

煤矿机械厂机修车间二

煤矿机械厂铆焊车间一　　煤矿机械厂铆焊车间二

煤矿机械厂铆焊车间三

煤矿机械厂铆焊车间四

煤矿机械厂托辊车间一

建筑特征

　　煤矿机械厂是呼和浩特市现存较为完[整]的极具代表性的工业遗存类建筑，该建筑[主]体为框架结构，是该区域的地标性建筑。[由]于其保存的完整性，现已进行了工业改造。[该]厂区内建筑均为砖混结构，建筑立面简单[大]方，颇具工业建筑的风格特点。它的建立[，]见证了内蒙古地区煤矿行业的发展，对内[蒙]古地区的科学技术和工业技术发展作出了[重]要的贡献。无论从文化的角度，或是建筑的[其]实用性来讲，煤矿机械厂都具有很好的优[越]性，具有较高的历史保护价值。

煤矿机械厂托辊车间二

煤矿机械厂机修车间航拍[图]

煤矿机械厂机修间、铆焊车间航拍图

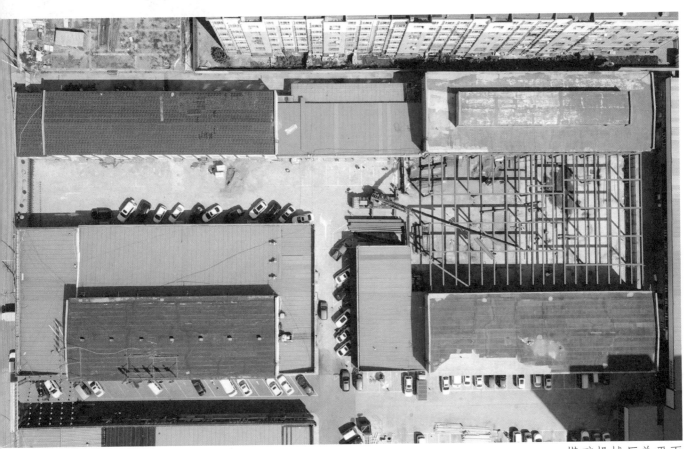

煤矿机械厂总平面

九、内蒙古工业大学建筑馆

建筑简介

内蒙古工业大学建筑系馆是由我国著名建筑师张鹏举设计改造，建筑位于呼和浩特新城区爱民街49号内蒙古工业大学校园内。这座建筑占地面积5200平方米，建筑面积5900平方米。现在主要用于内蒙古工业大学与建筑相关专业的本科生和研究生以及相关教师的学习或教学工作。该建筑曾于2011年荣获世界华人建筑师设计大奖金奖，全国优秀工程勘察设计行业奖一等奖。在2012年荣获"中国国际室内设计双年展金奖"，"内蒙古自治区优秀勘察设计质量奖"等重要奖项。

内蒙古工业大学建筑馆

内蒙古工业大学建筑馆二

历史沿革

建筑的前身是一座校办铸造车间，于1971年建成投产，属于内蒙古工业大学原机械厂的一部分，随着产业结构调整，铸造车间各部分陆续停产，至1995年已全面废弃。随着校园不断建设，废弃的工厂越发显得荒败破落，面临被拆除的危金。

2008年，经由建筑学院院长张鹏举的提议，内蒙古工业大学决定把这处闲置已久的旧厂房进行改造和更新，作为建筑学院独立的系馆使用。

整体工作在边思考、边设计、边施工中进行，经过近1年时间，于2009年5月改造完成并投入使用。

建筑馆改造成功后，校方又在其北侧扩建了一栋规模7000平方米的风格统一、用于建筑类专业教学的设计楼，扩建项目于2013年建成并使用，新旧两座楼形成了全新的建筑馆。

建筑价值

历史文化价值——内蒙古工业大学建筑馆前身是内蒙古工业大学校办工厂，校办工厂建立于20世纪50年代，曾经是学校的支柱产业，与此同时，也是学生们的课外实践基地，对当时学校的"产学研"结合发展曾经起过重要作用。多年来它给校园带来了一种特有的工业文化气息，记录着工业大学的发展历程，也是人们对于工业大学的一个永久的记忆。可以说工大建筑馆充分地体现了工业技术与人文历史双重历史文化价值。

艺术审美价值——工大建筑馆保留了厂房原有的混凝土桁架、牛腿柱、钢架、烟囱以及一些废旧的工业机器，这些原有建筑元素的保留奠定了建筑馆装饰基调的大方向，新加入的钢结构也与原有结构有机的结合。室内的砖墙和玻璃幕墙勾勒出别具匠心的围合办公空间、半围合教学空间以及开放的展览空间。建筑馆没有过多的饰面装修（除卫生间等极少部位），将最原始的建筑材料展现给人们。外部的环境，例如景观和小品，也均配合厂房的独有风格。工大建筑馆的建成为校园增添了一道独有的风景。这种空间艺术感和美学造诣具有较大的艺术审美价值。

生态文明价值——内蒙古工业大学建筑馆体

西部院子入口一

玻璃厅

中厅钢梯

门厅多功能阳光房内部

建筑馆内部中厅

内蒙古工业大学建筑馆航拍图一

建筑馆内部楼梯

西部院子入口二

建筑馆沙龙中心一

内蒙古工业大学建筑馆航拍图二

现了"可更新、可再用、可循环、减少能耗和污染"思想的具体实践。其利用的生态策略有：1）利用原有天窗、烟囱、地道等构筑物组织室内气流的路径，达到通风降温的目的；2）利用原厂房天窗进行天然采光，节约了照明能耗；3）利用废旧材料，节约了材料和运输的费用；4）采用低温地面辐射采暖加明管的方式，节约了采暖能耗；5）大量使用钢、玻璃等循环建材，提高了材料的长效利用率。多效策略有：1）加层和加固配合进行，节约了加固的费用；2）封堵窗洞和保温措施协同进行，节约了保温的费用；3）功能划分与空间特征相配合，省去了完善功能所需的用工；4）廉价材料与场所氛围相结合，节省了材料的造价；5）增加室内湿度的水池循环用于浇树，节约了水资源；6）防寒门斗、阳光房与交流场所有机结合，既保暖节能又增加气氛。这些生态策略的使用体现了内蒙古工业大学建筑馆具有十分可观的生态价值。

建筑特征

内蒙古工业大学建筑馆是由张鹏举教授主持设计的，建筑馆改造荣获亚洲建筑改造保护类金奖。由原机械厂铸造车间改建的是建筑馆的A馆，建筑馆A馆功能主要分为4类：1）教学空间，包括一层西侧的艺术教室、模型及结构展示室，二层及三层北侧多个建筑研究所；2）办公空间，二层西北角办公区；3）公共空间，分成两类：（1）展示公共空间，内容包括两部分。一部分为展示旧工业建筑结构及空间特点的，以视觉感官为主的展示类公共空间，包括一层北侧玻璃厅，平时粘贴讲座海报，有椅子等设施供人歇息停留；入口门厅，设有大面积落地窗、室内景观水池和座椅，是进入建筑系馆的主要入口；侧厅，建筑系馆与玻璃厅连接的侧入口，设有直跑楼梯一部，方便研究人员直接到达二、三层研究室，设有三个一米见方的座椅，供人休息停留，同时侧厅连接两个重要的公共活动空间——艺术沙龙和阅览室，二三层廊道空间及直跑楼梯，主要起交通连接作用，但其位于重点展示的工业建筑空间的视觉中心，在体验旧工业建筑改造空间的交通路径

。另一部分为展示功能的公共空间，包括艺术
龙，展示艺术作品并提供简单的餐饮服务；二
西侧评图空间，设有展板展示学生作品，设有
子和座椅供学生小组讨论；阶梯展览空间，设
展板展示及座椅，同时是通往评图空间及开放
术教室的交通空间。（2）公共活动空间，包
一楼北侧阅览室、三楼北侧会议室和三楼西侧
开放式美术教室。4）室外景观空间，一层南
庭院空间，良好的旧工业景观将人流引入建筑
馆中；一层东北角艺术沙龙后院舞台，排列整
的遗留下来的旧厂房混凝土柱限定空间边界，
造场所感。

　　建筑空间——建筑馆空间十分丰富，也十分
放，建筑馆面向丰富的使用群体，满足了不同
体对交流空间的使用需求，对空间的尺度把控
十分精准。私密与开放是交流生成的空间诉求，
此建筑馆提倡以合理的尺度和软处理营造出开
中的领域性，从而引导丰富的交流行为。如艺
沙龙的存在意义似乎大于其对建筑学院学生的
用意义，即使学生不去使用沙龙这个空间，但
过旧馆时能看到沙龙温暖的灯光，闻到爆米花
甜的味道，在这个程度上艺术沙龙已经与学生
生了交流。

建筑馆素描教室

阶梯展览空间一

阶梯展览空间二

建筑馆办公空间

建筑馆沙龙中心二

建筑馆屋顶结构

建筑馆入口处门

原工厂内部机械装置

原工厂高炉烟囱

阶梯展览空间

中庭楼

内蒙古工业大学建筑馆航拍图三

内蒙古工业大学建筑馆总平面

十、呼和浩特市制锁工业公司

建筑简介

呼和浩特市制锁工业公司位于呼和浩特市玉泉区三里营南路南侧，康乐街北侧，石羊桥路东侧，锡林郭勒南路西侧。

厂区始建于1975年，占地面积为14823平方米，是当时呼和浩特市重要的工业企业之一，代表着当时的制造工业水平，建筑整体结构保留完整，是时代的见证及工业文化的体现。

厂区由多个单体建筑所组成，建筑的布局依据办公、生产等功能区划分，部分厂房是新建建筑，整个建筑群关系井然有序，建筑所围合的空间品质较好，具有很好的改造前景。

制锁工业公司材料成品

制锁工业公司铜锁打眼车间

呼和浩特市制锁工业公司现状

建筑价值

厂区内主要的建筑形态为20世纪70年代的典型工业建筑。根据制作工艺和使用功能的需要，厂房的层高、样式都不尽相同。制锁厂的历史价值及艺术价值主要体现在旧车间、铜锁砂光车间、铜锁打眼车间、材料成品库和锅炉房等建筑。其中，铜锁打眼车间建筑造型最具特色：建筑沿屋脊凸出一块体量，山墙面也随之变化，形成一个"凸"字的造型，简练的形制变化，满足了层高和通风的需求，也增加了建筑的艺术价值。其他主要建筑保存基本完整，个别建筑屋顶有破损，加以修葺可以再利用。作为建筑群，它的价值并不仅仅体现在建筑单体，室外空间布局也是再次开发利用的关键因素。铜锁砂光车间与旧车间之间形成了宽阔的广场，并且与材料成品库形成了一个品字形的构图，这样就有机会依托建筑单体，形成一个多义的室外场所空间。对于小型的工业建筑组团来说，通过室外建筑空间的整治，让整个建筑组团形成一个有机体，同时可以承载多样的功能，让其成为一个业态复合的工业综合体，以这样的一种模式去利用、盘活小型的工业厂区，让其的价值得到充分的挖掘。

建筑特征

呼和浩特市制锁工业公司是呼和浩特市20世纪70年代的典型工业建筑，现为呼和浩特市为数不多的工业遗存建筑，在所属区域内具有重要的标识性，承载着工业时期的城市记忆。呼和浩特市制锁工业公司为一组建筑群，建筑群由四组建筑组团组成，其中铜锁打眼车间和原铜锁砂光车间为单体建筑位于场地北侧，材料成品库、旧车间和锅炉房为组合建筑，分布于场地南侧。整个建筑群关系紧密，各个建筑组团之间具有良好的空间位置关系，易于形成良好的体验路径。

制锁工业公司旧车间

锅炉房

制锁工业公司立面一

制锁工业公司立面二

制锁工业公司铜锁打眼车间二

十一、中国石油呼和浩特石化公司

建筑简介

　　呼和浩特市石化公司坐落于内蒙古自治区首府呼和浩特市，占地200公顷，是内蒙古自治区境内唯一的炼油企业。公司原名呼和浩特炼油厂，最早隶属于华北石油管理局、后在石油行业重组，归属华北油田公司管理。呼和浩特石化公司是国家"八五"重点工程之一，与二连油田开发、阿赛输油线先后建设，并称内蒙古三项石油工程。

　　公司现以加工二连原油、长庆原油以及蒙古国塔木察格原油为主，在国内属中等规模燃料型炼化企业。公司生产的汽柴油全部达到国家四级标准，部分达到国家五级标准，产品主要销往内蒙古中西部、山西、河北张家口等地区，部分出口蒙古国。

炼油厂大门

炼油厂建筑全貌

炼油厂全景图一

史沿革

公司从 1988 年开始筹建，1990 年 7 月 29 破土动工，1992 年 9 月 29 日投产。中国石油、化行业重组改制后，原石油部被改组为中国石天然气集团公司。呼和浩特石化公司于 2000 7 月 1 日划归中国石油天然气股份有限公司直管理，并正式更名为"中国石油天然气股份有公司呼和浩特石化分公司"。2012 年，公司年 500 万吨炼油扩能改造全面建成，并一次开成功。工程总投资 75 亿元。随着公司万吨炼扩能改造项目竣工投产，原油加工能力有了质飞跃，成为国家区域骨干石油加工企业，位居蒙古自治区工业 20 强，企业摆脱了规模小、期亏损的局面，跨上了良性发展的轨道。

筑价值

呼和浩特石化公司采取的三项低成本发展战：1）以技术进步为核心推进低成本战略；2）强周边企业的协作互补；3）进一步加大精细管理力度。这种低成本发展战略给公司的发展来了巨大的经济价值。十多年来，公司以"建精品炼油厂、构建和谐企业"为目标，不断深企业改革，细化经营管理，优化生产组织。公全体员工坚持一手抓安全平稳生产，一手抓公长远发展，全力以赴推进每年 500 万吨炼油扩改造项目建设工作。2013 年公司年工业总产247 亿元，位居内蒙古自治区第 4 位，位居呼浩特市第 1 位。公司的发展战略与企业目标深地体现了公司的文化价值。公司的成立在很大面上解决了很多人的就业问题，使更多的人都有了一份稳定的工作。2013 年公司上缴税费0.5 亿元，2016 年上缴税费 86.37 亿元，这体了公司的社会价值。炼油厂的大部分建筑虽然旧，但只是外观出现了破损，结构部分依然良。

建筑特征

呼和浩特炼油厂位于呼和浩特市赛罕区，厂区内包括 6 个大型联合车间，包括：第一联合车间、第二联合车间、第三联合车间储运联合车间、动力联合车间和三修车间。厂区内现有大量的构筑物以及设备、设施，厂前整体环境优美，厂区的西边是花园广场以及一些活动场地。厂区办公楼在厂区的北边，办公楼前面是一片广场，办公楼建筑显得比较厚重，色彩也比较协调，厂房车间位于厂区的南边。

炼油厂全景图二

呼和浩特市石化公司整体风貌图

呼和浩特市石化公司厂区一角

第二篇 包头市工业遗产

一、内蒙古第三电力建设工程有限公司

建筑简介

　　内蒙古第三电力厂始建于 1950 年，公司位于内蒙古自治区包头市青山区劳动大街 63 号。内蒙古第三电力厂是一个具有 40 多年（1950 年到 1998 年）历史的一级大型建筑安装施工企业，可承建各类大、中型工业与民用建筑工程，以及与工程建设配套的给排水、采暖通风、电气安装、勘察设计等工程与设计。内蒙古第三电力厂最早是由中国人民解放军二十兵团后勤部，在天津市吸收"利群"、"四义"两个私人营造厂后组建的天津公营时代建筑公司，隶属中国人民解放军二十兵团后勤部。1952 年下半年，招收固定职工 3000 多人，改为华北基本建设工程公司天津分公司。1953 年，改为华北直属第二建筑工程公司，直属建筑工程部领导，1954 ～ 1955 年，该公司陆续迁至内蒙古包头市。

历史沿革

　　1954 ～ 1955 年，内蒙古第三电建公司承扰内蒙古一、二机厂等重点工程的施工。1958 年，改为建工部二局三公司。1964 年，改为建工华北第八建筑工程公司。1969 年，抽调部分职工支援湖北二汽建设，组建成湖北一〇二指挥部四、七团（现为湖北一局一公司和中建六局四公司）。1970 年，全建制下放内蒙古自治区，改为内蒙古第二建筑工程有限公司。1992 年 11 月该公司划归自治区电管局领导，1993 年 1 月该公司改称内蒙古第三电力建设工程公司。

　　五十多年来，内蒙古第三电力厂在北京、天津、内蒙古、山西、陕西、山东和蒙古国，承建了四四七、六一七、二〇二、三〇三、四〇六、一八七、包钢、集宁肉联等一大批重点建设项目，承建了在当时建筑高度和建筑体量创自治区和全

高校之最的内蒙古电力学院大楼。内蒙古第三
力厂在施工中广泛推广应用新工艺、新技术、
结构、新材料，工程技术水平不断提高。在模
工程施工工艺上，有定型组合钢模板、大模板、
模和液压滑升模板等；在工程结构上，有混合
构、钢筋混凝土结构和全钢结构、大跨度空间
网架结构，尤其是掌握了梁、柱、墙体、屋面
钢结构工业厂房施工成套技术；在屋面和装饰
程上，研制推广了防水冷胶剂、无机涂料和彩
弹涂等工艺。

筑价值

公司的主办公楼为一栋5层的办公建筑，办
楼的体量色彩和建筑形式体现了20世纪60年
建筑特有的风貌特征，办公楼屋檐的艺术图案
现了较高的艺术价值。厂区的整体规划既体现
各个厂区之间工艺流程的关联性，同时也表现
工人日常生活特有的行为关系，办公楼以及工
宿舍整体的形式，所用的材料与技术对城市周
建筑的影响都体现了内蒙古第三电力厂的艺术
值。

内蒙古第三电力厂倡导，"积极才有希望，
动造就成功"的企业精神，公司的吉祥物是"春
"，它是春的使者，也是勤劳质朴、积极生活
的化身，充分体现了内蒙古第三电力厂工人积
向上的品质。公司的发展理念，管理理念，人
理念等充分体现了公司的文化价值。

内蒙古第三电力厂的发展历程是包头经济、
治、社会发展的缩影，对包头的经济发展起到
巨大的推动作用。同时，公司在北京、天津、
蒙古等全国各地都承担了大型的重点项目，为
家的经济发展也作出了贡献，体现了内蒙古第
电力厂的社会价值。

内蒙古第三电力厂推广应用的新工艺，包
：先张法、后张法预应力钢筋混凝土、预应力
黏结加气混凝土、膨胀混凝土和减水剂。施工
艺，包括：定型组合钢模板、大模板、飞模和
压滑升模板，研制推广了防水冷胶剂、无机涂
和彩色弹涂新工艺，这些新的施工工艺集中体
了内蒙古第三电建厂的科技价值。

电力厂内建筑物一　　　电力厂内建筑物二

内蒙古第三电力厂吉祥物　　电力厂内建筑物三

电力厂宿舍楼　　电力厂主办公楼侧立面

建筑特征

内蒙古第三电力建设工程有限公司紧邻呼得
木林大街，交通便利。厂区附近有北重二中，包
头市第四医院，包头市第四中学等教育、医疗建
筑。厂区内建筑物年代久远，主办公楼位于厂区
的中间，整体建筑形式体现出了工业建筑所特有
的美感，适宜的比例与尺度。建筑整体呈现出后
现代主义风格，立面样式分为三段。建筑的中间
层用白色的涂料与红色的砖块交替呈现，呈现出
韵律感，窗户与外墙之间有凹进的关系，表达了
建筑丰富的光影效果，同时也丰富了建筑立面。
厂区后有一些低矮的坡屋顶房间和职工宿舍。

二、内蒙古第二机械厂

建筑简介

内蒙古第二机械厂原为包头市高射炮厂，主要生产高射炮和坦克炮，占地面积297万平方公里，是我国"一五"期间开始建设的156项重点工程项目之一。其现为北方重工业集团有限公司，隶属中国兵器工业总公司，隶属中国兵器工业集团，是国家唯一的中口径火炮动员中心和火炮毛坯供应基地、国家常规兵器重点保军企业。

建筑价值

内蒙古二机厂作为大型的火炮制造厂对国家国防的布局有一定的影响，对增强国家凝聚力，对包头市的经济建设也有一定的影响，促进着包头经济发展与工业的发展，它记录着国防工业的发展，记录着这些历史活动信息，二机厂为解决了大部分职工的生活、就业等问题，在工业遗产的结构和性状中，具有一定普遍性的历史价值。

建筑特征

内蒙古第二机械厂位于包头市包宁公路南，与内蒙古第一机械厂、包头市第二热电厂西向东并列布置。厂区内部功能分区明确：厂区、试验场区和库区。厂区内部道路呈棋盘式由道路围合成一个区域，内部以一个主厂房和个辅助厂房形成院落式布局。

北方重工业集团有限公司

内蒙古二机厂鸟瞰

史沿革

崭露头角——1952年开始筹建厂区，后陆续设生活服务区、主厂区和靶场区工程，随着生产范围的不断扩大，生产需求增加，厂区开始扩，随着厂区建设不断完善。1990年底厂区占地积达301.2平方公里，工业区、居住建筑、教建筑、医疗建筑和文化建筑总建筑面积达到约30万平方米，逐步达到设计生产的能力。十一三中全会后，国家的重心由现代化建设转移到济建设，以改革开放为重点策略，为了顺应国号召，内蒙古第二机械厂贯彻落实"军民结合"方针，建设大量民用企业和生活服务设施，为头市的经济发展带来了曙光。

如日方升——1993年，全年产钢量大幅度增，钛合金工具钢首次出口美国，发展迅速，后得国家特大企业的称号。同年二机厂以职工集的形式开始大面积改造建设职工住房。到2000年为止，职工住房建筑面积达到182087平方米。

其中部分小区如青山路3号街坊10#住宅楼、幸福路2号街坊8#住宅楼等住宅楼被包头市建筑工程管理局评为优良工程，为以后二机厂对平房的整体拆迁改造积累了经验。

扶摇直上——在2003年还投资建设北方兵器城，以传播国防知识、提高国防意识为目的将其打造成军工文化教育基地。现北方兵器城已经成为国家AAAA级旅游景区、全国工业旅游示范点、国家国防教育示范基地、国防科技工业军工文化教育基地、内蒙古自治区爱国主义教育基地。

北方重工业集团有限公司二

三、内蒙古第一机械集团有限公司

建筑简介

内蒙古第一机械集团有限公司成立于1953年，位于内蒙古自治区包头市青山区民主路。中国兵器工业集团内蒙古第一机械集团有限公司，是新中国"一五"期间156个重点建设项目之一，是国家重要的集履带式、轮式、轨道式重型车辆于一体的产业化基地，也是国家保军骨干企业，内蒙古自治区最大的装备制造业企业。公司占地面积110平方公里，资产总额150多亿元，职工18000多人。经营地域覆盖包头、北京、天津、太原、侯马、秦皇岛、深圳等全国重点区域。

经过60多年的发展，公司军品已形成轮履结合、轻重结合、车炮一体协调发展，服务于陆、海、空、火箭军等多军兵种的研制生产格局，实现了涵盖战斗、保障、火力打击和一体化信息装备的拓展转型，成为国家唯一的主战坦克和8×8轮式战车研发制造基地。公司拥有自主出口权，具有较高的市场知名度和行业影响力，让各种品走出国门，远销亚洲、非洲、欧洲、南美洲、北美洲、大洋洲等世界多个地区。公司成立以来先后有130多位党和国家领导人亲临公司视察导工作。

内蒙古第一机械制造厂投产场

历史沿革

内蒙古第一机械集团有限公司是包头市国防企业领域的重要工厂。包头的国防工业在中国国防工业中占有重要的地位。20世纪50年代末期到60年代中期，是包头国防工业的初创时期。内蒙古第一机械集团有限公司的建成投产和59中型坦克的试制成功，填补了国家中型坦克的空白，显示了中国国防力量的迅速增强，标志着中国兵器技术跃入一个新的层次，达到20世纪50年代初中期世界先进水平。内蒙古第一机械集团有限公司接受一机部下达的任务，生产900×900、250×400颚式破碎机379台；试制成功4立方米矿山用电铲1台。

20世纪60年代初期，国民经济处于暂时困难时期，由于中苏关系恶化，苏联停止了镍和一些关键器材的供应，加之西方国家的封锁禁运，中国坦克工业处于困难境地。坦克生产需要大量高镍合金钢（生产一辆中型坦克需消耗镍约1吨）。充分利用中国矿产资源，创立火炮新钢种，不仅具有经济意义，而且具有重大战略意义。

1964年至1966年，包头地区坦克工业，已具备相当雄厚的生产、技术能力，在生产、科研等方面都有了很大的发展。期间，内蒙古第一机械集团有限公司与60研究所合作，共同研制开发了64式重型履带牵引车、64式坦克牵引车，并相继定型投产。

1969年珍宝岛事件后，为加强战略，国务院业务组召开反坦克武器研制会议，121中型坦克的研制被列为反坦克武器会战项目之一。担负121中型坦克主要研制任务的内蒙古一机厂，经过四年多的研制，于1974年研制成功，获准设计定型，被命名为69式坦克。它是中国自行研制的第一代中型坦克。

1965年开始，特别是1969年以后，为加强战备，国家进行坦克、枪炮工业的后方基地建设和民用工业战时动员生产线的建设。期间，内蒙古第一机械集团有限公司援建了三线地区541项工程项目。

1979年以后，包头坦克工业企业认真贯彻国务院、中央军委《关于加速我军武器装备现代化的决定》精神，狠抓新型坦克车辆的研制工作。经过10年奋斗，坚持"改进一代、研制一代、预研一代"的循序渐进道路，有力地推动了坦克、火炮和核燃料工业科学技术的发展，军品科研成果累累，其中一些产品已达到或接近当时世界先进水平。

1990年，内蒙古第一机械集团有限公司的民品产值超过了军品产值。内蒙古第一机械集团有限公司基本形成军民品结合、内外贸结合、主干民品和二级民品结合的产业结构。

内蒙古第一机械制造厂坦克

建筑价值

科技价值——内蒙古第一机械集团有限公司在中国国防工业中占有重要的地位。内蒙古第一机械集团有限公司的建成投产和T59中型坦克的试制成功，填补了国家中型坦克生产的空白，内蒙古第一机械集团有限公司与相关研究所合作，成功研制了低镍合全炮钢，取代了苏联原含镍钢种，使坦克用钢满足于国内需求。内蒙古第一机械集团有限公司自行研制成功中国第一代中型坦克，命名为69式坦克，试制成功4立方米矿山用电铲。内蒙古第一机械厂与中国科学院金属研究所、冶金部钢铁研究院、三机部五二研究所及一些大学合作攻关，成功研制出601、603无镍装甲钢、701无镍稀土炮钢，708低镍合金炮钢，与60研究所合作，共同研制开发了64式重型履带牵引车、64式坦克牵引车，这些都体现了内蒙古第一机械集团有限公司的科技价值。

建筑价值——内蒙古第一机械集团有限公司的发展历程见证了中国国防工业的兴衰发展史。对中国国防工业的发展作出了巨大贡献，且朱德委员长曾经视察过内蒙古第一机械集团有限公司，反映出内蒙古第一机械集团有限公司具有很大的历史价值。内蒙古第一机械集团有限公司的构筑物如料仓、水塔、烟冲等具有鲜明的工业特征，体现了内蒙古第一机械集团有限公司独特的工艺流程，具有很大的艺术景观价值。

建筑特征

内蒙古第一机械制造厂整体规划布局呈轴线分布状态，办公楼位于轴线的中间，厂区位于轴线的两端，两侧的厂房大都空间高大，成组成片布置，也有一些特殊的大型厂房位于厂区的某个单独的位置。厂区前面绿化较多，厂区内部道路的旁边基本都种植了树木。厂区整体风貌完整。厂区内大部分厂房都是砖砌的老厂房，少量是用新材料建造的。内蒙古第一机械制造厂有一号街坊、二号街坊共14栋宿舍楼47625平方米。二六三技工学校面积为17188平方米。内蒙古第一机械厂现有行政办公大楼、一三〇车间（小型造型车间）、七一〇车间（工具车间）、八一〇车间（机修车间）、九五〇车间（电修车间）、九六〇车间（变压器检修车间）、二二〇车间（冲压车间）、九二〇车间（压缩空气车间）、九三〇车间（氧气车间）、九七〇车间（煤气车间）、九四〇车间（乙炔站）、一〇一工厂（大型钢件铸造厂房）、四〇〇工厂（机加装配）、五〇〇工厂（总装厂房）、一二〇车间（小型钢件铸造车间）、二一〇车间（锻造车间）、三〇〇工场（整体大件加工厂房）、一一〇车间（大型钢件铸造车间）等厂房建筑。厂区建筑整体保存比较完整。厂区内有主办公楼一座，位于厂区的主入口正对着的位置。办公楼作为厂区内的重要建筑，造型十分新颖，整体立面上有大面积的玻璃，十分具有现代感。

内蒙古第一机械制造厂 VT5 坦克

内蒙古第一机械制造厂阅兵现场

四、包头市钢铁（集团）有限责任公司

建筑简介

包钢始建于1954年，是国家"一五"期间建设的156个重点项目之一，是我国三大钢铁工业基地之一，也是世界最大的稀土工业基地、世界最大的钢轨生产基地和世界最大的稀土原材料供应商。到2019年，包钢已经整整发展了65年。

现在的包钢集团，主要包含钢铁产业和稀土产业两大主业以及矿业产业、非钢产业。包钢成为西部地区唯一的、重要的、大型的钢铁企业，为内蒙古自治区炼金工业发展奠定了基础。包钢的建成改变了中国原有的钢铁集中于东部的布局，也为内蒙古自治区"东林西铁"的工业布局打下基础，随后，包钢结合大兴安岭的森林工业，发展形成了以中西部包头为中心的重工业基地和以东部大兴安岭牙克石为中心的森林工业基地，对内蒙古自治区工业基地的布局产生巨大影响。

包钢厂区现状鸟瞰图

包头一号高<

包钢厂区现状航拍图一

历史沿革

包钢作为国家"一五"期间建设的156个重点项目之一,历史悠久,影响深远。1959年1月,党中央通过《人民日报》发表了《保证重点,支援包钢》的社论。社论说:"包钢是全国建设的重点项目,是全国一盘棋的重要一着。包钢的建设,关系到国家工业化进程和改变内蒙古经济面貌,有其重大的意义。"在"全国为包钢,包钢为全国"的口号下,拉开了支援包钢的热潮。

1953～1957年,包钢的建设处于前期准备阶段,首要任务是为计划中的包头钢铁联合企业建设一批基础设施,如厂房、职工宿舍、办公楼、设备仓库、道路交通等城市公用设施及生活设施。

从1957年起,包钢进入大规模建设阶段,"只用了一年的时间,就全部建成具备生产铸铁10万吨,铸钢3万吨综合能力的机械总厂,为包钢自制急需的非标准设备和大批生产备件创造了条件"。1958年4月8号,包钢一号高炉作为全国最大的自动化高炉,破土动工兴建,后来也因其独特的历史价值被列为包头市重点保护文物。包钢一号高炉于1959年10月15号投入使用,当天国务院总理周恩来在内蒙古自治区主席乌兰夫的陪同下,为包钢一号高炉出铁剪彩,并且在包钢发展的历史上留下浓墨重彩的一笔。

1998年,包头钢铁公司正式更名为包头钢铁(集团)有限责任公司,同时设立包钢集团,包钢由此完成了从"工厂制"到"公司制"再到"集团化"管控的深刻变革。

2000年以后,包钢将稀土和钢铁有机地结合在一起,再加上白云鄂博矿当时是世界罕见的多金属共生矿,稀土储量居世界第一位。包钢通过一系列伟大的尝试,形成了其独特的优势,为后来包钢发展为中国三大钢铁业基地之一、世界最大稀土工业基地和世界最大的钢轨生产基地奠定了坚实的基础。

包钢厂区现状鸟瞰图二

包钢焦化厂

包钢烧结厂

包钢厂区现状航拍图二

包钢厂区现状航拍图三

电影《草原晨曲》海报

包钢炼铁厂

包钢选矿厂

包钢拆除2号高炉

白云鄂博矿山现状

建筑价值

历史文化价值——2019年，包钢被列入第一批中国工业遗产，见证了几代包钢人奋发图强、可歌可泣的动人事迹。作为工业文明的重要产物对社会产生了巨大的影响，以此为背景，诞生了多部优秀作品，例如《草原晨曲》和《草原钢城》这些作品记录了包钢建设的辉煌时期。《草原晨曲》记录了60多年前包钢建厂初期火热的生产建设场景，唱出了第一代包钢建设者的心声。这首包钢的企业之歌传唱了60多年，不断激励和鼓舞着一代又一代包钢人，体现了强烈的文化认同感，具有历史文化价值。

科学技术价值——包钢拥有当时先进的工业技术：比如包钢引进的干法除尘设备，率先在炼铁厂4号高炉得以应用并取得成功。随后，新技术陆续应用于包钢6号高炉、2号高炉以及5号高炉和现在闲置的1号高炉（当时最大最先进的高炉）。再如，包钢白云鄂博矿高炉炼铁攻关成绩显著，高炉采用计算机模拟的方法，成功解析了热风炉气流分布不均的问题，成为中国钢铁冶炼史上的一项重大成就和重大技术发明。

经济技术价值——包钢的工业建筑保护再利用的价值较高，工业构筑物、设施设备（如炼铁高炉、冷却塔、料仓、水塔等设施）都可以进行结构和空间的再利用，改造并再利用旧工业建筑可以充分发掘其适应性潜力，使其焕发新的生命力和活力，同是也可以为政府节约大量的公共成本，具有极强的艺术表现力和巨大的经济价值。包钢大部分建筑价值也较为突出，如焦化厂、炼铁厂、氧气厂、烧结厂等建筑结构保存较好，而且内部空间具有大跨度、大空间、高层高的特点对其内部进行空间重组、空间的功能替换等适应性更新改造具有极大的意义。因此，包钢工业区内，工业建筑具有丰富的建筑形态和合理的空间结构，这些也突出了包钢工业建筑的经济技术价值。

景观艺术价值——包钢的钢铁工业产业特征较为明显，如高炉、冷却塔、凉水塔、料仓、水塔等，可作为城市的标志性景观，在景观艺术上具有一定的价值。

对移民文化的影响——包钢的建设对城市空间布局、政治经济发展、城市移民都产生了巨大影响。在建筑群体规划上，形成了居住区和工业区独立分布的空间格局，功能分区明确。包钢所在的昆都仑区，居住者大都是当年从鞍钢过来的东北人，语言、习俗和生活习惯至今存留东北地区特点。包头工业区形成的移民文化体现了极强的包容性。

对城市布局的影响——居住区与工业区分列昆都仑河东西，与包头第一机械厂、第二机械厂住区连片成为新市区主体。城市道路以棋盘式为主，结合放射式布局，设置了卫生防护林和防风林，分散预留了大量工业备用地、绿化用地、居住用地以及其他城市用地，城区的交通联系便捷，街道适度宽大，为以后现代化交通预留了发展空间。因工业而形成的新市区（昆都仑区、青山区）与因商而成的老城区（东河区）共同构成今天包头市"一市两城、带状组团、干道连接、绿色相隔"的城市主体空间格局和结构框架。这一具有前瞻性的城市规划至今仍被业界称道为"包头模式"，这在整个中国近现代城市规划历史上也是浓墨重彩的一笔。

包钢厂区现状鸟瞰图三

支持包钢社论 包头钢铁企业施工报道

包钢厂区现状鸟瞰图四

五、包头市糖厂

建筑简介

包头市糖厂建设于1955年，后陆续建成大小糖厂19座，是内蒙古自治区第一座糖厂，现位于内蒙古自治区包头市东河区东兴铝业大道附近，南临萨包线，交通便利，临近黄河，水源充足。北面有包头轻工职业技术学院和青峰机械，西临面粉厂，东临东富村。厂区占地面积约为24公顷，建筑总面积约为35000平方米。曾经的包头市糖厂主要生产白砂糖和酒精，以高产量、高质量备受关注，家喻户晓。经过岁月的洗礼，包头市糖厂如今已是锈迹斑斑，但仍然承载着过去的故事，承载了一代人的回忆，也是历史印记的一部分。

历史沿革

新中国成立后，全国特别是华北地区面临着食用糖短缺的问题，为解决这一燃眉之急，中央人民政府轻工业部根据国家工业部的部署，决定在华北部分地区试种甜菜。在国家政策的引导下，1951年，糖厂的筹备工作迅速展开。通过工业部的缜密勘察，后由中国科学院及绥远农业厅等

包头市糖厂厂区现状航拍图

包头市糖厂内高炉

包头市糖厂内铁轨

包头市糖厂厂区现状航拍图二

位对山西、察哈尔、绥远三省进行考查，又结
工业条件、农业条件、经济条件等因素的考虑，
终的选址定在绥包地区，即为现在的包头糖厂，
址位于京包铁路线靠近包头磴口站。包头糖厂
过两年的选址，1953年准备施工，1954年开
建设，到1955年建成使用，直至2010年停产，
为当时全国规模最大、技术最先进的甜菜制糖
之一。

筑价值

经济利用价值——包头糖厂厂区内现存的建
（主要有一些生产车间）有热力车间、动力车间、
糖车间、筛分车间和储藏车间目前保存完好，
构完整，跨度大，内部空间使用灵活，建筑形
丰富。《下塔吉尔宪章》中提出："将工业遗
改造成具有新的使用价值使其安全保存。这种
法是可以接受的。而遗址具有特殊历史意义的
形除外。新的使用应该尊重重要的物质存在，
持建筑最初的运行方式尽可能地与先前的或者
主要的使用方式协调一致"。所以可以根据包
糖厂厂区内遗存下来的旧工业建筑完整的内部
间和结构对其进行保留、改造再利用具有一定
经济利用价值。

美学艺术价值——厂区内的旧工业建筑主要
1950年左右的传统的建筑物。因为包头糖厂
时是从民主德国引进的设备和技术，故厂区
建筑形态延续了当时德国盛行包豪斯风格。也
糖厂的艺术价值主要体现之处。如动力车间和
糖车间体现了民主德国时期的包豪斯学派的建
，展现了当时的建筑艺术发展的风格与流派。
时，厂区内的工业构筑物、机器设备都具有较
的艺术感染力，具有美学艺术价值。

景观艺术价值——厂区内留存较多的大型现
机器和工业高炉，具有较强的工业气息。厂区
部的铁轨遗迹，展现出较强的景观渗透感和导
性，具有景观艺术价值。

包头市糖厂办公楼现状

包头市糖厂现状一

包头市糖厂现状二

国营包头市糖厂

包头市糖厂现状航拍图一

包头市糖厂现状三

包头市糖厂现状四

包头市糖厂内高炉

包头市糖厂动力车间

包头市糖厂现状五

建筑特征

包头糖厂是包头市第一个大型企业，现停产闲置，但设备大部分保存完好，其南区为生产区，北区为生活区。生产区主要包括：车间（制糖车间、酒精车间、颗粒粕车间、动力车间、热力车间、加工车间等）厂房、仓库、构筑物（机械设备、高炉等）和办公建筑等。生活区主要包括：住宅（职工住宅、单身公寓等）、学校（幼儿园）、俱乐部、医院和商店等。区内厂房多为大跨度、混凝土结构。车间多为钢混结构，其中生产车间、动力车间、热力车间以及仓储车间等结构部分保存较好。建筑周边构筑物具有较强的工业气息，且厂区的机械设备大部分还是大型现代机器，体现了当时的工业生产状况。厂区内的工业高炉虽已失去了原有的功能，但给人带来巨大的视觉冲击。厂区内的轨道、高耸的烟囱、环绕的管道和林立的水塔具有改造为工业厂区景观的可能性。厂区内的晾晒地和储煤地具有改造为公共活动空间的可能性。糖厂内有很多展现特殊工业文化的建筑物以及地标构筑物，在岁月的风雨中早已锈迹斑斑但仍屹立不倒，具有强烈的工业感和历史感。

包头市糖厂现状航拍图二

包头市糖厂现状航拍图三

六、包头市第二化工厂

建筑简介

　　包头市第二化工厂兴建于1958年，位于包头火车站南3公里处，南濒黄河。厂区占地1.1平方公里，原为建工部包头轻质材料厂，当时建工部第二工程局承担建设内蒙古第一、第二机械厂的工业厂房和民用建筑的任务，为解决当时建筑材料供不应求的状况，经第二工程局上报，国家建工部批准，在包头市兴建一个生产硅酸盐砖及其他轻型墙体建材的工厂，定名为"包头轻质材料厂"，隶属建工部第二工程局。

建筑价值

　　厂区内部布局较为清晰，但保存完整度低，厂区分为三个部分：办公建筑及服务用房、工业厂房与仓储类用房、特殊建筑及构筑物，例如炼焦炉、水塔、烟囱、皮带运输通廊、管道设施等，大型设施设备，例如堆取料机、推焦机、除尘装置、脱硫塔等。前两类建筑物空间高大，结构坚固，具有较高的空间再利用价值；后两类建筑物

煤化工厂工业特征明显，非常独特，标志性较强，具有较高的景观再利用价值。

第二化工厂厂房现状一　　第二化工厂厂房现状二

第二化工厂航拍图一

史沿革

第二化工厂作为当时内蒙古地区重点化工，主要生产碳化钙和聚氯乙烯树脂。厂区内主包括三部分：生产车间及其附属部分，库房及运输部分和办公部分及其附属。其中生产车间其附属部分占较大面积。主要车间为电石车间聚氯乙烯树脂车间。

1959年开始筹建矿热炉，1960年生产电石，62年除电石生产外，其他产品生产全部关停。65年北京的建材部中心实验室迁来包头，与厂合并，更名为"包头轻质材料试验厂"，同恢复生产硅酸盐砖等轻质建筑材料。1970年包头第三化工厂合并改名为"包头市塑料树厂"，1979年投产后更名为"包头第二化工厂"，产值853万元。2007年停产闲置，厂区内厂房、库和办公楼大部分保存较好，但内部设备大部被拆除。由于厂房内部空间特别是电石炉车间具特色，仍具有保护利用的价值。

局结构

包头第二化工厂作为内蒙古当时重点化工，位于包头昆都仑区火车站东南方向，交通便。工厂现停产闲置，但设备大部分保存完好。区内部功能分区主要为三个部分，办公楼、生车间和储藏仓库。生产区以错落的厂房、高耸烟筒、火光通明的炼焦炉等为主要特征，煤化厂工业特色显著，备煤、炼焦、制气、回收等个环节都有明显特色。同时，富有特色的构筑及设施比较集中，主要分布在焦炉周边区域，集中保护和再利用提供了良好的基础。另外，输铁路、皮带运输通廊和架空的管线设施遍布厂区，成为厂区空间形态特征的三个标志系统，整个厂区空间及生产工艺流程串接起来，呈现强的系统性和整体性。

第二化工厂厂房现状三

第二化工厂7号电石炉

第二化工厂乙炔车间

第二化工厂构筑物

第二化工厂厂房现状四

第二化工厂厂房现状五

第二化工厂厂房现状

第二化工厂厂房现状七

第二化工厂厂房现状

第二化工厂航拍图二

第二化工厂航拍图

第二化工厂厂房现状九

第二化工厂厂房现状

第二化工厂航拍图四

第二化工厂航拍图五

七、包头市第一热电厂

建筑简介

包头市第一热电厂始建于1958年，位于内蒙古自治区包头市昆都仑区，坐落在北纬40°38′，东经109°46′的北部高原上。海拔高度为1065.5米。其北4公里许为大青山，南17公里处为黄河，东约2公里为昆都仑河。

20世纪50年代，包头第一热电厂随同包头钢铁公司进行厂址选择，设计时亦考虑建设在一起。包头第一热电厂西距包钢高炉和高炉鼓风机站仅数十米，北邻包钢供热厂、耐火厂，南望包钢机总厂，东为高压输电线通廊。设计原意有二：其一，电厂最大限度的靠近包钢高炉和鼓风机站，既节约建设投资，又减少供热损失。其二，电厂与包钢合用煤场、通讯总机、压缩空气、修配加工厂等。包钢大型电力变压器运到电厂修理，从整体考虑，既符合社会主义协作原则，又符合现代化大生产的要求。

20世纪50年代建设的第一期工程，为苏援华建设项目，第一、二期工程装机容量11.万千瓦，成套主设备是苏联供应的。第三期工装机容量20万千瓦，设备是国内自行设计，施工安装和调试的。1986年厂区总占地面积约36平方米。建筑总面积8.87万平方米。固定资原值为2.59亿元，是一座资金和技术密集的型燃煤火力发电厂。从投产到1986年末，包第一热电厂发电量占内蒙古西部地区全电网发量的44.2%，为电网之首。同年的发电量占内古西部地区全电网发电量的45%，也居内蒙西部地区的首位。为内蒙古西部地区的经济、化发展和人民生活水平提高作出了重要的贡献，对物质文明和精神文明的建设，发挥着重要的用。

包头市第一热电厂全

历史沿革

1954 年 4 月 18 日国家有关部委、绥远省和包头市政府负责人与"五四"钢铁厂筹备处负责人共同商定，钢铁厂和热电厂的厂址暂定在包头宋家壕地段"五四"钢铁厂（后改称包钢），热电厂改称包头第一热电厂。

1958 年 2 月，内蒙古电管局组建了包头第一热电厂筹备处。地址在东河区巴彦塔拉大街。3 月 2 日包一电厂正式破土兴建，举行了开工庆典活动。

1984 到 1986 年，根据国务院"关于进一步扩大国营企业自主权的暂行规定"和内蒙古电管局"关于在呼包电网内进行改革的几点试行意见"指示精神，包头第一热电厂一方面巩固、提高、发展企业整顿结果，一方面试行改革、探索、开放、搞活的路子，三年来取得了十个巨大的变化。

2007 年到 2009 年，包头第一热电厂积极响应国家"上大压小"政策，先后关停了总容量 22.4 万千瓦的老机组，老厂尚有 4 机 4 炉 45 万千瓦的装机容量，担负着向电网供电、向包钢供电供汽、向包头市集中供热的重任。

建筑特征

包头第一热电厂长期以来坚持"安全生产、以人为本、综合治理"的生产经营理念，厂里职工日夜辛勤劳作，为了工厂里的生产建设无私奉献的精神。在生产中采取一系列行之有效的措施：苦练内功，治理改造，节能减排，降耗增效，着力创建两型企业，保持了安全生产和员工队伍稳定。这些都是包头第一热电厂文化价值的深刻体现。

包头第一热电厂的建筑外观整体呈现出了 20 世纪 60 年代的鲜明特征，建筑材料采用红砖材料，体现苏式建筑的特征，简洁的建筑立面，整齐的开窗方式，微微出挑的平屋顶，呈中轴对称的建筑正立面，屋顶上面几个表明建筑功能的大字都体现了那个时代独特的建筑风貌。

厂里经常举办书法展览、游园活动、文艺汇演等活动。极大地丰富了员工的日常生活，体现了包头第一热电厂的文化价值。

建筑价值

包头第一热电厂共有锅炉、汽机、电气、化学、热工、输煤 6 个车间。厂区整体呈现长方形布局，厂区的最北部分是包头第一热电厂的煤场，一电厂的大门位于厂区正中间的南边，大门正对着厂区的主要道路，沿着这条主要道路再分出一些小道通往各个厂房车间，厂区的南边主要分布有办公楼、宿舍、活动广场等生活服务的功能，厂区的西北边是厂区的生产车间所在地，为整个厂区的重点区域，厂区的东北边是一些辅助生产车间和仓库，厂区功能分布合理，设施完善，在厂区内还设有大面积的花园和体育场供厂里的工人休闲和运动。

厂区的主办公楼平面为长方形，房子上面写着"安全发电"四个字，奠定了全厂以安全生产为第一要务的基调。建筑为平屋顶，屋顶微微出挑，窗户排列整齐，建筑采用了多种材料做对比，用当地常见的红砖作为建筑的主体材料，确保与周边建筑整体风格一致，还有深褐色的瓷砖作为对比材料，极大地丰富了建筑的立面造型。厂房多为坡屋顶大跨度结构厂房。

一电厂主控室　包头市第一热电厂远眺

八、包头市第二热电厂

建筑简介

包头市第二热电厂是国家"一五"计划由苏联援建的156项工程之一，是内蒙古自治区第一座高温高压热电厂。二电厂主要是为内蒙古第一机械厂、第二机械厂和制造总厂供电供热的。1979～1990年，主设备完好率保持100%；1984～1987年，连续4年被内蒙古自治区经济委员会授予全区设备管理优秀单位。1986年4月，国家水利电力部授予包头二电厂设备管理先进单位称号。现为北方联合电力有限责任公司，位于包头市青山区厂前路，为内蒙古西部电网第一个"双达标企业"。

1953年，包头第二热电厂由当时的莫斯科分院完成设计，1956年开始一期工程的建造，主要分为生产区、辅助生产区和生活区。在1958～1959年陆续建成了二电厂至白云鄂博、二电厂至石拐和包头至呼和浩特的3条110千伏输电线路，给自治区人们的生活带来了极大的便利，同时，这也是内蒙古自治区有史以来第一个110千伏的电网。

二电厂煤

1987年扩建中的二电

包头市第二热电厂航拍图

第二期工程设计于 1960 年，包头工业基地的建设已初步形成规模，同年包头第二热电厂三炉投入使用，厂区拥有两机三炉。包头第二热电厂二期扩建建立 5 万千瓦机组，保证了包头地区的供电量，为包头地区工农业的迅速发展提供动力。

自 1965 年起，包头各大型工业厂陆续投产，包头第二热电厂也奋起直追，申请扩建，第三期工程于 1970 年开始投产，即 5 号机开始投入使用。1978 年，厂区内建两座高为 70 米的冷水塔。

党的十一届三中全会召开后，响应国家的改革开放口号，内蒙古西部地区工业发展发展迅速。第四期扩建工程由内蒙古集资兴建，于 1987 年破土动工，两台机组陆续投入使用，并且随着职工规模的扩大，扩大职工住宅群，建立了胡德木大大街十二号街坊职工宿舍楼群、自由路五号街坊住宅以及厂区单身宿舍楼。不断提高职工的生活水平。在 1980 年，开设"电大"、"职大"等院校，提高职工的技术水平与文化素养，将包头市第二化工厂整体职工思想技术水平提升到一个新的高度。

随着国家体制改革，2004 年北方联合电力有限责任公司组建。2006 年 12 月和 2007 年 9 月先后扩建投产了 2 台 30 万千瓦供热机组，企业运营机组容量达到 100 万千瓦，跨入了百万电厂的行列。承担的城市集中供热面积 1200 万平方米，同时为军工企业提供工业用蒸汽，是北方联合电力有限责任公司最大的热电联产企业。

建筑价值

包头市第二热电厂作为一五期间的电力企业，见证了国家经济、政治、文化以及人民生活方式的演变，构成了当今社会生活的画面和缩影，具有一定的社会价值。

建筑特征

厂区位于包头市青山区北端，占地面积为 1.31 万平方米，地势平坦，北街大青山，南近黄河，西接支流昆都仑河，东与内蒙古一机厂相邻，西与内蒙古二机厂为伴。3 个厂坐北面南，由东向西呈矩形排开，构成新的工业群。

二电厂汽机车间一

二电厂汽机车间二

二电厂 10 万千瓦 7 号机组

九、包头市纺织总厂

建筑简介

　　包头纺织厂建厂于1958年，位于钢铁大街东段，东邻劳动公园，西接城市商圈，北靠防护林带，处于城市商业中心，地理位置较为优越。该项目是国家以"一五"计划期间的重点项目之一，在当时也是内蒙古自治区最大的纺织企业，占地58.36万平方米，现已停产。

纺织厂主厂房现状

厂区布局

　　厂区位于商业中心区，周围居民区较多，交通便利，生活设施完善，北边城市绿地较多，给城市居民提供大量的活动场地。但厂区内大部分拆除重建为商业建筑和住宅建筑，只留有漂染车间和完整的生活区。生活区位于厂区北部，东部角落印染厂及办公。原主厂房为单层厂房，建筑形态展现出静态的连续韵律美，但后被拆除，现存的是辅助车间厂房，采用钢筋混凝土梁柱结构。

纺织厂主厂房现状

纺织厂主厂房

史沿革

1958 年，包头市轻工业发展缓慢，伴随着
市人口不均，男女比例失衡等问题。包头出台
包头市工业总体规划，决定建立一个 10 万纱
全能棉纺厂以满足城市发展需求。包头纺织
厂便由此开始建设。1964 年 12 月纺织厂建成
00 平方米的印染车间，在内蒙古地区首次实
生产有色布，填补了内蒙古自治区生产有色布
空白。

1994 年，包头纺织厂被国务院确定为全国
家建立现代企业制度试点企业之一。在党十四
三中全会之后，进行规范化公司改制，1996
棉纺厂建立企业制度以九九集团有限责任公司
牌运营。印染分厂包括漂炼车间、染色车间、
理车间、纺毛车间、机修车间、电气车间和锅
车间；动力分厂包括锅炉车间、电气车间和机
车间。工人最多时有 1 万多人，大约在 2000
停产，现在生产系统除印染厂漂染车间闲置保
外，其他全部拆除重建为商业综合体和商业住
，其生活区保留完整，包括住宅、俱乐部及学
等。

建筑价值

历史文化价值——包头纺织厂的建设为城市
加了就业岗位，带动地区经济的发展，对当时
市轻工业发展和城市人口发展有重大的影响。
时，纺织厂的建立提高了包头市人们的生活质
，直至今天，人们对棉纺厂的记忆仍旧深刻，
是一代人记忆的载体和情感归属，包头人们对
的高度认同感和自豪感代代传承，具有较高的
史文化价值。

经济价值——包头纺织厂区位优越，用地价
较高，内部空间完整，结构完整，可塑性强、
载能力高、跨度大，易于改造，具有一定的经
价值。

纺织厂建筑外貌

纺织厂内部结构一　　　纺织厂内部结构二

纺织厂历史原貌

纺织厂内部空间

十、包头市铝业（集团）有限责任公司

建筑简介

包头市铝业（集团）有限责任公司是包头地区唯一的铝冶炼企业，是国家十大铝厂、国家500家最大工业企业之一，是内蒙古自治区第一家电解铝企业，也是当时全国八大铝厂之一。包头铝业有限责任公司前身是包头铝厂，工厂位于包头市东河区东郊8公里处，占地面积197.32万平方米，生产性建筑29.2万平方米。它是以电解铝为主产品，兼有碳素制品生产、铝深度加工的大型铝工业企业。

包头市铝业（集团）有限责任公司的建设与发展一直受到中央和地方的重视与支持。20世纪50年代后期，冶金工业部决定在包头地区建设电解铝厂，在"二五"计划初期，国家重点建设项目多，资金、材料十分困难的情况下，冶金部计划司负责人专程到呼和浩特市和包头市，与中共内蒙古自治区委员会第一书记、内蒙古自治区政府主席乌兰夫，自治区党委书记、中共包头市委第一书记苏谦益，第二书记高锦明和市长李质等正式商量建厂事宜。在工厂筹备和建设过程中，冶金部、自治区和包头市从干部调配、职工培训、选址定点、土地征购、地质勘探、施工设计、工程施工、设备材料采购等各个方面，都给予大力支持和帮助，使工厂于1960年顺利建成投产。

包头市铝业（集团）有限责任公司的铝产品在伦敦金属交易所注册，行销全国各地，同时出口中东、日本、韩国、菲律宾、泰国、澳大利亚、美国、加拿大等国家和地区。2004年出口创汇12500万美元，居全国同行业之首。

包头市铝厂的健身场

包头市铝厂办公楼

史沿革

　　包头市铝业（集团）有限责任公司规划于新
国第一个五年计划时期，始建于1958年，是
家"二五"期间建设的电解铝企业，也是新中
成立以来，完全依靠我国自己力量自主设计、
成的第一家电解铝企业。1958年的12月份，
头东站刚刚建成通车不久，当时包头的景色很
凉，树木稀少，周围多是沙地。包头市铝业（集
）有限公司刚刚建设不久，国家经济条件也比
困难，那时提倡的一句口号就是"先生产后生
"。第一代包铝人顽强拼搏，攻坚克难，仅用
一年零三个月就完成了包头市铝业（集团）有
责任公司的基本建设并顺利通电投产。

　　1988年2月10日，包头市铝业（集团）有
责任公司扩建工程建成投产，揭开了包头市铝
（集团）有限责任公司发展史上新的一页。11
1日至3日，对包头市铝业（集团）有限责任
司扩建工程进行了预验收，预验收委员会认为：
包头市铝业（集团）有限责任公司扩建工程建
是成功的，投资是省的，工程质量是好的，效
是满意的，同意将包头市铝业（集团）有限责
公司扩建工程呈报国家验收委员会正式验收"。

　　1989年底，中国有色金属工业总公司决定，
头市铝业（集团）有限责任公司晋升国家二级
业。晋升国家二级企业后，包铝加快了创建国
一级企业的步伐。1990年，包头市铝业（集团）
限责任公司被评为自治区级先进单位。

　　科学技术是第一生产力。包头市铝业（集团）
限责任公司始终坚持以质量求生存，以科技求
展的指导思想，大力推进技术进步，不断增强
业发展后劲。1990年底，先后完成了煤气站、
力锅炉房、扩建工程打料系统、低压电容、补
系统、变电站、加压泵房等71个更新改造项目。

　　2017年，包头市铝业（集团）有限责任公
将在近60年的发展历史上，首次跨上百万吨
电解铝企业的重大台阶，基本建成中铝最具竞
力产业基地，成为在中铝系统和国内铝行业具
重要影响力和竞争力的电解铝产业集群，企业
经济效益和社会贡献率将得到极大提升。

包头市铝厂的后花园

包头市铝厂办公楼二

包头市铝厂办公楼三

包头市铝厂航拍图一

包头市铝厂航拍图二

包头市铝厂车间

包头市铝厂航拍图三

建筑价值

包头市铝业（集团）有限责任公司建设年□久远，其生产与发展对包头的经济发展意义重大□

科技价值——60多年来，特别是改革开□40年来，包头市铝业（集团）有限责任公司□靠科技进步，先后完成了电解母线加宽、阳极□宽、碳素车间排烟除尘、沥青熔化库改造、自□打壳下料、分布式微机电解铝控制试验、阳极□掺杂试验、焙烧炉活化水净化技术等40多个□研、技改项目；推广应用了"爆炸焊接金属□合板在电解槽上的应用"、"低温铝电解"、"□镁复合盐"等新工艺；研制开发了稀土铝盘条□998铝、稀土铝应用合金、稀土铝镁硅合金、□型阳极糊、高脂阳极糊等新产品。这些新科技□新成果的推广应用不仅填补了自治区和铝行业□空白，而且为包铝创造了可观的经济效益。包□市铝业（集团）有限责任公司高纯铝厂引进吸□国外先进铝提纯技术，使偏析法生产高纯铝项□在包铝得以实现。偏析法生产精铝工艺的成功□进和顺利投产，开创了我国应用偏析法技术生□高纯铝的先河，标志着包铝已经吸收、消化和□握了世界先进的精铝提纯技术，生产出了最好□精铝产品。这些新技术、新工艺的产生充分体□出包头市铝业（集团）有限责任公司的科技价□与经济价值。

建筑价值——铝厂主要办公楼现状良好，□面稍微有一点斑驳的岁月痕迹，但整体建筑□貌充分体现了20世纪60年代建筑的鲜明特征□体现了铝厂办公楼具有较高的艺术价值。建设□2004年3月下发《关于加强对城市优秀近现□建筑规划的指导意见》中指出：城市优秀近现□建筑一般是指从19世纪中期至20世纪50年□建设的，能够反映城市发展历史、具的有较高□历史文化价值的建筑物和构筑物，从包头市铝□（集团）有限责任公司的发展历程来看，铝厂□的建筑物符合优秀近现代建筑物的条件，具备□高的保护再利用价值。

筑特征

包头市铝业（集团）有限责任公司现在依然□于生产运行中。包头市铝业（集团）有限责任□司北边紧邻巴彦塔拉东大街，交通十分便利，□近有包头市东河区中西医结合医院，包铝中学□教育医疗设施。包头市铝业（集团）有限责任□司大门正对着主办公楼，包头市铝业（集团）□限责任公司广场正中央立有毛主席的塑像，广□位于厂区的前面，紧挨着道路，起到疏散人流□作用。包头市铝业（集团）有限责任公司的□区主要在西边，大部分厂房的外墙材料主要是□C 外墙挂板，少部分为填充砌块，整体色调为□色。厂房整体布局成 4 排，每一排都是几个长□形的厂房连在一起，两排厂房之间会安置一些□备设施，体现了铝厂独特的工艺流程。厂区内□烟囱、高炉等构筑物，烟囱、高炉作为生产过□中的辅助设施，造型独特。包头市铝业（集团）□限责任公司的主办公楼前面是公司的广场与停□位，主办公楼呈现出明显的后现代主义风格，□间的体块为主要功能区，两边的体块为辅助功□区，办公楼的主入口是一排柱廊，办公楼旁边□旅馆，后面是文化广场，是供厂里员工休憩娱□的地方。文化广场内有一些健身器材，供人们□常健身使用。

包头市铝厂办公楼四

包头市铝厂周围

包头市铝厂北立面图

十一、包头市水泥厂

建筑简介

　　包头市水泥厂，建于1958年，位于昆都仑区召庙西南，占地24.67万平方米，总投资197万元，建成年生产能力为3.2万吨水泥的半机械化土立窑生产线一条。投产当年，有职工70余人，其中工程技术人员3人，生产325#普通硅酸盐水泥1100多吨，结束了包头不能生产水泥的历史。

水泥厂水

包头市水泥厂建筑物

包头市水泥厂厂房

包头市水泥厂航拍图

史沿革

1959 年，包头市水泥厂建成投产，后因国经济调整压缩生产规模，水泥厂于 1961 年停，1971 年根据备战需要恢复生产。1984 年初，头市水泥厂的水泥上报自治区审评优质产品。头市水泥厂还与包头市建研所协作研制白水，提出了试验报告。1990 年，包头市水泥厂回转窑进行扩建改造，形成年产水泥 10 万吨生产能力，完成工业产值 722 万元，实现销售入 831 万元，利润 13 万元，税金 130 万元，为全市为数不多的百万元以上利税大户之一。头市水泥厂的产品畅销包头地区，并销往巴盟、盟等地。长期以来包头市水泥厂的广大职工充发扬"吃苦耐劳、坚如磐石"的主人翁精神，默无闻地为包头的经济发展添砖加瓦，甘当铺石。在 20 世纪 90 年代曾有一首赞美建材工人诗这样写道："他们，躺下是一条路，站起，是一座丰碑。" 1997 年至 1999 年是包头市泥厂攻坚克难的三年，公司采取了一系列有效施，迎来了良好的局面。通过对水泥厂实行股制改革，使其形成规范的法人治理机制，包头水泥厂与蒙西水泥公司实行强强合作，引入资 1600 万元，建成的 30 万吨水泥粉磨站。同时，所属企业实施四项大的技术改造，降低了生产本，起到了降本增效的作用。

筑价值

包头市水泥厂的工作劳动强度大、工作环境苦、企业远离市区、交通不方便，但是包头市泥厂的工人长期以来吃苦耐劳、坚持不懈、默地为包头经济建设付出，包头市水泥厂工人以为家，在厂里工作生活的点点滴滴回忆，构成包头市水泥厂的精神文化。包头市水泥厂创办时间比较久远，包头市水泥厂作为包头水泥产的重要组成部分，从建成到发展的每一步，这中包括第一大规模技术改造，将原有的土立窑为机械立窑；新建一条劲阳型 2.5 米 × 40 米回转窑及球磨机、烘干机、包装机等配套设备。对包头水泥产业产生了巨大的影响，体现了水厂的社会价值。

水泥厂环境现状一

水泥厂厂房二

水泥厂厂房三

水泥厂环境现状二

同时，包头市水泥厂的技术改造以及新生的设备也体现了包头市水泥厂的科技价值。包[头]市水泥厂虽然已经废弃，但其厂区内大部分厂[房]都空间高大，结构完整且大多为桁架结构，只[要]稍加修整就可以改造为博物馆、展览馆、活动[中]心等符合新时代需求的功能，所以，水泥厂具[有]很大的再利用价值以及经济价值。

包头市水泥厂航拍图二

包头市水泥厂主厂房

建筑价值

包头市水泥厂紧邻昆都仑河，周边有居民环绕，景观良好。厂区地形有微微地起伏，厂内道路蜿蜒起伏且多为泥土路，体现了工业大[生]产时期的生活工作气息。厂区建筑多集中于厂[区]中间，厂区的东西两部分多为空地、杂草和一[些]低矮的乔木以及零星布置的少量低矮的小房子。厂区内有大量大跨度的坡屋顶厂房，北部分布[较]多，这些厂房大都是砖砌结构，外立面形式规整[，]整齐的开窗方式，透露着20世纪50年代人们[的]生活气息。厂区内现存有烟筒、水塔等构筑物，[都]分散地布置于厂区中，厂区内现存钢结构的廊[架]具有良好的景观效果。厂区内还有一些框架结[构]的多层办公楼和宿舍，这些建筑有些保存比较[完]整，有些已经损坏得只剩结构部分，外墙和窗[户]都遭到了不同程度的破坏。相较于厂区内的大[跨]度厂房而言，厂区内的办公建筑的尺度就小很多[，]办公建筑多为小体量的长方形建筑物，屋顶有[凸]起，外挂楼梯等建筑构件丰富了建筑的造型。

包头市水泥厂车间

包头市水泥厂航拍图三

包头市水泥厂航拍图四

包头市水泥厂航拍图五

十二、神华包头煤化工有限公司

建筑简介

神华包头煤化工有限公司，是神华集团的全资子公司，成立于 2005 年 12 月，注册地点在内蒙古自治区包头市，注册资本金 45 亿元，现有员工 1100 多人，主要来自中国石油、中国石化、原化工部系统的大型企业。其目前正在承建唯一经国家发展和改革委员会核准的大型煤化工项目——神华包头煤制烯烃项目。

神华包头煤化工项目厂址位于九原区哈林格尔镇包头市规划的新型工业基地内，总体工程包括 180 万吨／年煤制甲醇装置、60 万吨／年下游产品装置和 22.4 万标准立方米（氧气）／小时空分装置等，总投资 124 亿元，神华包头煤化工有限公司拟采用国际上的尖端技术，建设世界一流的煤化工基地。这是包头市继包钢之后建设的最大工业项目。

建筑价值

神华包头煤化工有限公司核心技术采用国自主知识产权的甲醇制烯烃技术，其他主要工装置均采用世界先进的煤化工和石油化工技术包括 GE 水煤浆气化技术、德国林德公司低温醇洗技术、英国 DAVY 公司甲醇合成技术、美DOW 公司聚丙烯技术、美国 UNIVATION 公司聚烯技术等。这些先进技术在神华包头煤化工有公司的应用充分体现了公司的科技价值。公司厂房部分的构筑物具有鲜明的工业特色，厂区体环境优美，厂区里面有大面积的绿化场地以一些活动场所，体现出厂区具有良好的景观价值

神华包头煤化工有限公司设

历史沿革

2006 年 12 月，神华包头煤制烯烃项目获得国家发展和改革委员会核准，建设地点位于在内蒙古自治区包头市西南 20 公里处，总投资 165 亿元，建设规模为：180 万吨 / 年煤制甲醇、60 万吨 / 年甲醇制烯烃、30 万吨 / 年聚乙烯、30 万吨 / 年聚丙烯、4 套 6 万立方米 / 小时空分制氧、1 套 480 吨 / 小时蒸发量的热电站以及辅助生产设施和公用工程等。

2009 年底完成煤制烯烃示范项目总体设计、基础设计工作，详细设计工作陆续开展，现场施工已全面展开。

2010 年前，按照"质量、技术、安全、效益"的要求，优质、高效地建成神华包头煤制烯烃项目，打造方案优化、技术领先、装备优良、配置合理、环境友好、文化和谐的全国煤化工领域精品工程，铸造一支思想高素质、工作高标准、业务高水平的技术和管理团队。

2012 年上半年，神华包头煤化工有限公司实现销售收入 31 亿元、利润 6 亿元，成为我国 4 个现代煤化工示范工程中第一个进入商业化运营并取得较好效益的项目。

2015 年 1 ～ 11 月，神华包头煤化工有限责任公司累计生产初级形态塑料 57.68 万吨，实现工业总产值 47.72 亿元，营业收入 49.59 亿元，实现利润 3.7 亿元。

建筑特征

公司厂区面积很大，厂区的东边是公司最大的厂房，厂房为长方形，跨度很大，屋顶有很深的出挑。厂区西北边是工厂的主要生产部分，里面的设备设施都是采用的金属结构，且设备大都是采用管道相连，显示出其独特的工艺流程，从设备的外观可以看出，工厂设备是一直处于更新过程中的。建构筑物大部分质量都比较完好，建筑外观简洁、装饰较少、整体感很强、形体变化丰富，其外形特征充分体现建筑的功能组成。一些大型的生产车间和大型仓库尺度很大，层高也很高。

神华包头煤化工有限公司一

神华包头煤化工有限公司厂房

神华包头煤化工有限公司二

神华包头煤化工有限公司大门

第三篇 乌海市工业遗产

一、乌海市面粉厂

建筑简介

　　乌海市面粉厂建于20世纪60年代后期，占地23000平方米，有钢板立筒仓4座，总容量190万公斤。面粉厂主要用于原粮储存和搭配加工使用，有库房1座430平方米，容量为50万公斤。在计划经济年代，乌海市面粉厂严格按照统购统销政策，为当地居民提供面粉供应，同时也为当地人民提供了就业机会。随着计划经济的结束，面粉厂逐渐由按政策生产转向按市场需求生产，生产设备得到了升级，生产结构也由简单的粗加工转向深加工，面粉种类也变得丰富多彩，为当地面粉的供应提供了强有力的保障。现如今乌海面粉厂已经废弃，然而它承载着几代人的奉献和理想，饱含了当地工业记忆。

乌海市面粉厂屋

乌海市面粉厂内设

乌海市面粉厂立筒

内蒙古历史建筑丛书

近现代工业建筑

历史沿革

相较于煤矿业，乌海地区粮食加工业发展较[晚]，起步于 20 世纪 50 年代后期，初期阶段，由[于]生产设备的匮乏，乌海粮食加工业只能生产玉[米]面、大米等，且由于原粮难以调入，故产量较少。[70]年代后期，随着经济形势的转好，粮食产量[的]增加和当地面粉供应需求的提高，当地需要一[座]能用于原粮储存和生产加工的大型面粉厂，乌[海]市面粉厂便在这样的背景下建成，其中 4 座钢[制]立筒仓容量达 190 万公斤，面粉生产车间也初[具]规模，成为当地为数不多的大型粮食加工厂之一。20 世纪 80 年代后期，随着经济飞速发展，[人]们物质生活水平逐渐提高，市民对于粮食质量[也]有了更高的要求，乌海市面粉厂也积极投入更[多]先进的生产设备，生产品种也由过去单一标准[粉]扩展到精粉、特级粉、高筋粉等系列产品，丰[富]了面粉厂的产品，也带来了产值和利润的大幅[度]增长。

1992 年粮价放开后，粮食加工也由过去的价拨加工改为委托加工，外地成品粮大量涌入乌海，面粉加工受到较大影响，产值、利润出现滑坡。乌海市面粉厂也因市场的进一步开放丧失竞争力，产值、利润逐年减少，最终被历史所淘汰。

乌海市面粉厂现状一

乌海市面粉厂建筑之间连廊

建筑价值

　　乌海市面粉厂作为工业建筑遗存，具有多重价值。作为乌海粮食加工业的参与者，见证了当地经济的发展，也反映了此地域工业建筑的历史文化特点，同时其历史价值是不可忽略的。厂区内的标语和一些规章制度仿佛定格在 20 世纪，从这些标语可以得知曾经的企业文化与工人们的精神面貌，借此，工厂的文化价值也得以体现。随着城市的扩张，面粉厂所在区域也由郊区变成了城区，因此其区位优势显得尤为突出，并且建筑本身由于保存完好，十分适合改造再利用，由于工业建筑跨度大内部空间使用极其灵活，原本使用功能退出后，可以转化使用功能服务于城市发展，厂区内极具视觉感染力的构筑物彰显出工业建筑的艺术价值，可以进行二次设计，使其作为建筑景观继续发挥其艺术价值。再利用后可避免产生建筑垃圾和对自然环境破坏，并且能大幅度节约建造成本，因此厂区再利用具有极高的经济价值。

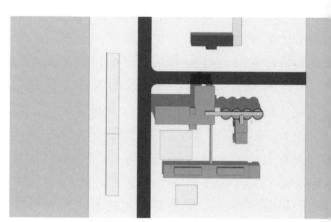

乌海市面粉厂总平

乌海市面粉厂建筑

筑特征

乌海市面粉厂具有鲜明的历史特征，作为建20世纪60年代的建筑，具有那个年代工业建的普遍特点，也具有面粉厂所独有的特点，建样式基本水泥砂浆抹面，结构柱外露，屋檐出。四个大型圆柱钢板立筒仓尤为突出，仿佛成面粉厂的背景，实则与建筑连为一体，楼宇之的连廊使建筑之间联系更为紧密。大尺度的钢立筒仓与建筑形成对比，形成独特的工业建筑象。从建筑布局能看出面粉厂基本分为南北两建筑，北部主要为存储空间，南部为生产空间，间通过连廊联系，整体分工明确，同时又保证生产的流畅性。走进建筑内部，可以看出厂房然老旧，钢铁制品和设备早已锈迹斑驳，但建的内部结构和外墙都较为坚固，因此值得开发利用。外部空间较为空旷，而一些设备被遗弃在空地。面粉厂作为当地的历史工业建筑遗存也从侧面反映了乌海市的方方面面。

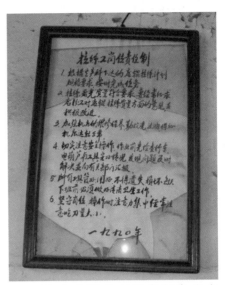

乌海市面粉厂规章制度遗存

乌海市面粉厂现状二

二、乌海市水泥厂

建筑简介

乌海市水泥厂原名乌达市水泥厂。1973年3月在乌达砖瓦厂白灰车间的基础上成立。乌海市水泥厂是市属小型国营骨干企业，占地4万多平方米。厂区位于乌海市乌达区，多年来通过不断开拓进取，改进装备和工艺技术，提高产品质量和产量，为当地水泥工业由无到有，由大变强作出了积极贡献。曾经盛产的"双人山"牌普通硅酸盐水泥远销宁夏、青海等地区，并获得区优产品称号，作为当地著名的水泥生产厂之一，其产量、质量都赢得良好的口碑，为当地的经济发展作出了巨大贡献。

伴随市场经济的新形势，当地出现了众多更为先进的水泥生产厂，乌海水泥厂也不具备竞争力，现如今厂区因设备老旧逐渐荒废，也不再生产水泥，厂区内的建筑已破败不堪，大型生产设备也已锈迹斑斑，成为乌海市历史记忆的一道风景线。

乌海市水泥厂内可利用空

乌海市水泥厂车间结

乌海市水泥厂现状图

史沿革

乌海市水泥产业发展起步较晚，第一台水泥产设备于1970年10月建成投产，到1993年末，市相继建起众多水泥厂，年生产能力总计可达4万吨，至此乌海市水泥产业发展已初具规模。海市水泥厂前身为乌达水泥厂，基于乌达砖瓦白灰车间建成水泥厂，1976年在自治区和当政府的共同投资下，乌海水泥厂规模发展壮大，泥产量可达2万吨。随后通过引进先进技术，强人才队伍建设，进一步提高水泥合格率，实盈利增长。1979年自治区建材局投资40万元，产设备得到升级，水泥生产能力提高到4万吨，泥合格率高达100%。到1993年末，全厂拥有工303人，其中技术型人才23人，水泥产量.94万吨，产值高达3128万元，为当地创造高额税收，并且为当地人提供了就业岗位。

此后，当地出现众多水泥企业，水泥行业竞越来越激烈，乌海水泥厂因诸多原因逐渐被市场淘汰，如今厂区早已停产，破旧的设备和建筑仿佛在诉说昨日的历史。

乌海市水泥厂连廊内部

乌海市水泥厂现状图二

建筑价值

　　乌海市水泥厂内的建筑物主要建于20世纪70年代后期。工厂的发展见证乌海市水泥产业的发展历史，也能反映出乌海市的经济发展。如今虽已停产，但在当地人民群众中已经有了不可取代的地位，其历史价值也同样不可取代。作为曾经市属小型国营骨干企业，其文化价值与社会价值也值得探究。工人的社会生活与生产活动密不可分，所以工业企业也是社会的缩影，而以工人阶级为代表的文化也在那个时代显得格外耀眼，产区内随处可见宣传标语和一些规章制度便是体现。此外水泥厂的构筑物、设备设施所表现出来的大尺度感，极具视觉感染力，完美阐述了工业建筑的艺术价值，而且建筑整体规划性和个体联系因服务于产品流水生产表现得尤为突出，具有鲜明的时代特征。工厂自身也具备再利用价值，工厂车间几乎保存完好，大跨度空间又具有极的空间灵活性，工厂的结构也比一般建筑更加固，因此对工厂加以改造利用也是对工业遗产一种保护。

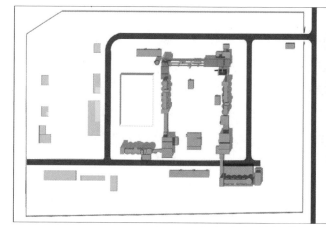

乌海市水泥厂总平面

乌海市水泥厂内管道和设

筑特征

　　乌海水泥厂厂区规模较大，现已停止生产，区内建筑和设备大部分保存完整，厂区外轮廓似为矩形，主入口位于东侧，与产业园内道路连接，内部道路为环形状，各车间依次沿着道内侧展开，并依次通过连廊连接，各车间之间成联系方便生产，南部办公区为一层高平房独于生产区，西侧有设置有堆料场，分区与生产线明确。由于生产车间跨度较大，跨度从6米8米，所以厂区内生产车间大部分为框架结构，此，结构能得以完整的保留。厂区内最引人注的便是水泥立窑，全厂共计有4处20座水泥窑，作为水泥厂曾经的主要设备穿插于建筑之，增强了建筑竖向线条感，同时厂区内大型料，运输管道，各类高架构筑物和各种廊道错综叉共同组成了丰富的工业遗存。所有建筑墙体为砖材构筑而成，大部分为水泥砂浆抹面，局

部为裸露的清水砖，在岁月的洗礼下都已成为一体蜕变成灰色，奠定了厂区的主要色调，而各类高耸的钢铁构筑物，缠绕于建筑的大型管道和钢铁楼梯栏杆也早已锈迹斑斑，形成了独特的工业建筑符号。厂区内这些极富视觉冲击力的建筑与构筑物，共同营造出极具时代沧桑感的老工业建筑群像。

乌海市水泥厂内设备

乌海市水泥厂内立窑厂管道和设备

三、乌海市青少年创业产业园

建筑简介

　　它位于内蒙古乌海市海勃湾区东山脚下，北临和平街和海北大街，西边为胜利路，东南两侧依靠卓子山。整个基地有两种类型的老旧建筑组成，从一通厂的厂房现状看，基本处于废弃状，厂房建筑保留得基本完整。多数民居为 3～5 户组成一排单元平房，是乌海早期民居的基本户型单元，非常具有北方民居特性。乌海创业园区是由一座废弃的硅铁厂改造而成，占地面积约 72.6 亩，建筑面积约 4269.95 平方米，利用其不同形态的空间，改造为青少年创业园区，改造后建筑面积 7594 平方米，由综合区，艺术设计区，夏令营区，管理办公区等功能组成。本项目意在培养青少年的创造能力、生态意识和人文思想。

乌海市青年创业园区现状

乌海市青年创业园区现状

乌海市青年创业园区航拍图

史沿革

2012 年之前乌海市青年创业园区是一个废的硅铁厂。2012 年 5 月，乌海市委书记、市到内蒙古工业大学开专场学生招聘会，其间参了由旧厂房改造的建筑馆，很有感触，回乌海立即启动了这个项目。乌海曾因工业立市，近因产业调整，出现了很多废弃的工厂。市委、政府决定把这个位于东山脚下的硅铁厂改造成青少年创意基地"给孩子们使用，并委托内蒙工业大学设计。乌海市青少年创意园是乌海市市政府大力支持、重点打造的公益工程。2013 9 月，针对乌海市缺乏青年创业基地的现状，海市团委将废弃的硅铁厂改造成青年就业创业习基地和创业孵化基地，并结合当地创业政策创业青年实行政策帮扶。开园以来，本土青年极参与创业，将一处昔日荒凉的废工厂变成了业热土和儿童乐园。

2013 年 9 月开园运营以来，以其"标准化"建设、"社会化"覆盖、"产品化"运营和"信息化"发展的"四化模式"，走出了一条快速、健康发展的新路。截至目前，创意园已相继获得"全国青年创业示范园区"、"自治区级青年创业孵化器"等荣誉，并先后被内蒙古农业大学和内蒙古财经大学确定为大学生青年假期社会实践教学基地。

2014 年 12 月，在全国青年创业园区建设工作会上，乌海市青少年创意园被共青团中央授予全国青年创业示范园区称号，成为首批 40 家全国青年创业示范园区之一，也是自治区唯一获此殊荣的单位。园区着力推进青少年创业园"标准化"建设，围绕形象识别、行为识别和理念识别三大标准，推动园区在建设、管理、运营全过程，植入共青团元素、融入青少年文化，寓思想引领于活动项目之中，着力增强青少年对青年团的认同感、归属感。

乌海市青年创业园区航拍图二

建筑价值

着力推进青少年创意园"社会化"覆盖。多个公益性青年社会组织，借助全市青联换届，主动推荐青年社会组织骨干成为青联委员，使之在创意园的联动辐射下，凝聚在团组织周围，助力经济社会发展。

着力推进青少年创意园"产品化"运营。通过一系列活动，有效构建了网格化、区域型的青年新体系。

着力推进青少年创意园"信息化"发展。创新探索"线上宣传推广＋线下粉丝沉淀"的智慧团建新模式，依托"乌海青年汇"官方微信、"乌海市青少年创意园"官方微博和"乌海市青少年创意园"今日头条，将园区各类活动项目和服务资源第一时间推送到各类组织和普通青年的手机端，通过"秒杀"申请的形式，快速实现资源整合、项目配对、活动对接，有效实现了共青团服务青年供给的精准投放。

乌海市青年创业园区现状

乌海市青年创业园区现状

乌海市青年创业园区航拍图

经济价值——主要体现在实体再利用和参与验利用。工业遗产具有"低龄化"特征，保和再利用工业遗产建筑可以节约大量的拆除成，避免因产生大量建筑垃圾所造成的对自然环的破坏。工业遗产建筑的物质寿命一般比其功寿命长，在工业生产功能退出后，转化使用功，发挥工业遗产建筑的再利用价值，可以避免源浪费。创业园区80%的材料是利用原有的，其是墙体基本上都是旧砖；墙体保温方面，保层做法是利用结构加固放在了墙体中间。工业筑大都结构坚固，往往具有大跨度、大空间、层高的特点，其建筑内部空间具有使用的灵活，对工业建筑进行改造再利用比新建可省去主结构及部分可利用基础设施所花的资金，而且设周期较短。园区开工后，首先是对结构进行固，通过结构计算，与获得建筑空间面积的方相结合，这是项目建造的一种主动行为，之后不足的部分做一些加固。该作品不是从一般意义上的建筑形式来考虑，而是十分在意体验式的东西。

历史价值——从室内改造到主体旧厂房，既能看到以前的原状，也能看到现在的改造，基本做到外部空间形象和内部结构完全对应，恰如其分。乌海市青年创业园区不但保留了原来作为工厂的一些原有空间和记忆，还保留了工厂废弃后的本次改造之间的一个临时状态。历史的印记被记录在这个建筑上。

乌海市青年创业园区航拍图四

建筑特征

　　厂区共约7594平方米建筑群呈散状分布，设计中除了三栋状况较差的平房外，其余均保留下来。工程大多是原有空间的改造和加建，建筑改造后由市团委接管使用。为了培养孩子们的创作潜能，团委在设计过程中策划了一些动手制作的功能空间，设计用弹性的策略来应对这些变化。

　　改造后由综合区、艺术设计区、夏令营区、管理办公区等功能组成。按功能分为四类：活动空间、公共空间、景观空间和办公空间。青少年创意产业园活动中心的空间形态上有两种，分别是场所感强、开放性大，向纵向空间中延伸的开放空间和功能性强、空间组织高效，在横向空间中延展的单元空间。

　　这两种空间在行为引导上有不同倾向。开放空间有对无序行为的引导倾向。开放空间往往处于空间组织的核心，由于空间的开放性，空间的围合感较弱，与其他功能空间直接相连，在乌海

市青少年创意产业园活动中心，开放空间与门厅、直跑楼梯、单元活动空间贯通闭合成环，某种意义上将活动体验者的行为限定在一定的空间范围内。在这种空间范围内，活动体验者的行为更趋于流动和无序。另一种单元空间有对有序行为的引导倾向。单元活动空间由清晰边界划分成个小空间，小空间由交通空间有序串联，空间织高效，行为引导有序，在活动体验中人对活动内容的关注大过对空间趣味性的关注，形态过的空间反而让人更快地感受到厌烦情绪，单元空间形态更易给人空间范围的限定感，人在有围限定的空间中更倾向于有序的"洄游"行为，就好像鱼塘里的鱼群常常贴着水边来回游动，一种反复游览行为，在单元式活动空间中增加道、廊道这类空间形态会更加强化这种有序行的流动性。

　　周边环境处理上，建筑空间环境、室外材

乌海市青年创业园区航拍图

大环境都经过仔细认真的考虑，尤其台阶的处
。在乌海青年创意园区的前面是一块水池，主
是两方面的考虑，一是改造前此厂已交由市团
管理。团委在入口前区已挖出一个大坑准备做
池。二是乌海市缺水，降雨量极小，特别干燥，
海市的居民都喜欢水。设计利用原有水池基坑
适度缩小面积，以减少蒸发量。同时，尽可能
高差处理结合起来，形成一个活动的舞台，使
成为一个具有生机的地方。

"乌海记忆"位于乌海市青少年创意产业园
层的南侧的东西走廊，紧邻门厅，南侧即室外
间，北侧连接戏沙厅与街舞室，西侧尽头处是
功能展厅，是建筑中重要的衔接空间。走廊长
.7米，宽3米，在这条走廊中可以参观乌海
的历史，到达戏沙厅、街舞室展厅，为使用者
造了良好的条件。

"乌海记忆"的垂直界面南侧为南侧的外墙，
侧为一个历史长廊，展示关于乌海市的历史进

程和发展概况，水平界面有高差，在入口处有一
个下沉空间，顶棚处为玻璃天窗，采光较好，一
定程度上缓解了狭长走廊带给使用者压抑、沉闷
的空间感受。在北方，节能保温是建筑的一项重
要任务，尽量减少外墙面是十分有益的做法，这
一支持加顶的理由与裸覆记忆痕迹存有矛盾，同
时又与组织通风、采光发生冲突，因此，需要综
合考量并妥善处理。综合楼中部的戏沙厅是加顶
后获得的空间，而其南侧留出的院子保存了更多
记忆的痕迹，对周围空间的采光、通风也有帮助。
出于同样的理由，艺术设计区中部也设置了庭院。

乌海市青年创业园区航拍图六

乌海市青年创业园区现状五

乌海市青年创业园区现状

乌海市青年创业园区现状七

乌海市青年创业园区现状

乌海市青年创业园区现状九

乌海市青年创业园区现状

乌海市青年创业园区现状十一

乌海市青年创业园区现状十

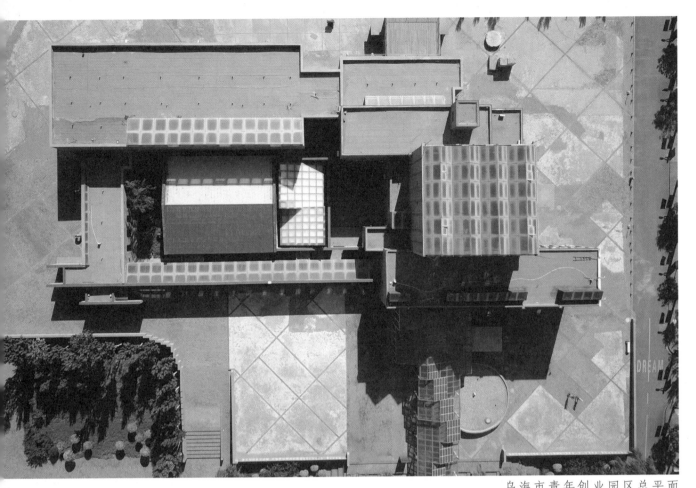

乌海市青年创业园区总平面

乌海市青年创业园区航拍图七

建筑简介

乌海市西部职业技能公共实训基地位于乌海市乌达区，该建筑经"原黄河化工厂"改造而来，厂区占地581.62亩，改造后总建筑面积101036.98平方米，有核心参观、教学办公、生活服务、体育活动以及各专业实训区等多个功能分区，改造分两期，一期办公、中心展示、建筑类综合实训区；二期宿舍、食堂、体育活动、机电、化工、采矿、发电、管理类实训区以及总变电站。一期工业改造中，因原有办公建筑保留完好，故只进行外立面改造后留用。核心厂区，因室内机械较多，改造可能性小，少部分泵房做简单保留，少量构造简单的库房直接拆除。黄河化工厂改造项目旨在打造一个集工业历史性、创意性、文化性，以及互动性于一体的艺术创意实训园区。

乌海市职业技能公共实训中心入

厂区废弃工业建筑人视

乌海市职业技能公共实训中心航拍图一

筑价值

　　厂区的完整性是其最大的价值，由于乌海市经济体制的快速转型，导致了大批工业厂区面临拆迁或者关闭的问题，因此保存完好的工业厂可以通过改造、转型，重新加以利用，同时带了乌海市的经济文明与生态文明建设。在工业化方面，乌海职业技能公共实训中心呈现了当化工类工业建筑的重要历史节点。在人文文化面，在对厂区改造的过程中，通过增加当地的化元素，更好地展现出当地的人文因素。同时黄河化工厂的重建，见证了乌海市化工行业的展史，为振兴地方民族工业，促进经济发展作了重要的贡献。

乌海市职业技能公共实训中心厂房效果图一

乌海市职业技能公共实训中心厂房效果图二

乌海市职业技能公共实训中心航拍图二

建筑特征

　　原黄河化工厂的建设对城市空间布局、经济发展、化工产业的空缺弥补产生了巨大影响。在建筑群体规划上形成了并联式布局形式，根据各功能区域的不同，以小组团的形式进行并联式布局，加快了生产制造的速度与效率。功能分区的明确，为以后的改造做了很好的铺垫。原黄河化工厂在当时，是该区域乃至乌海市海勃湾区的标志性工业建筑，具有重要的标识性与文化性，同时厂区内部基础设施完善，体现了当时以厂区为中心，进行配套设施建设的鲜明特征。原黄河化工厂现已经过改造，更名为乌海市职业技能公共实训中心，改造后的化工厂更是对城市的发展与建设提供了助力，完美地体现了与时俱进的时代精神。

乌海市职业技能公共实训中心厂房效果图

乌海市职业技能公共实训中心厂房效果图

乌海市职业技能公共实训中心航拍图

乌海市职业技能公共实训中心航拍图四

乌海市职业技能公共实训中心航拍图五

乌海市职业技能公共实训中心厂房现状一

乌海市职业技能公共实训中心厂房现状

乌海市职业技能公共实训中心厂房现状三

乌海市职业技能公共实训中心厂房现状

乌海市职业技能公共实训中心改造前一

乌海市职业技能公共实训中心改造前

乌海市职业技能公共实训中心厂房现状五

乌海市职业技能公共实训中心厂房现状

乌海市职业技能公共实训中心厂房现状七

乌海市职业技能公共实训中心厂房现状八

五、乌达工业园区

建筑简介

乌达，蒙语意为"有柳树的地方"。乌达区位于内蒙古自治区西部乌海市境内，是内蒙古的西出口。乌达工业园区是内蒙古自治区人民政府1998年批准建设的省级开发区，享受高载能工业特有的优惠政策。园区规划总面积20平方公里，地势平坦，母亲河黄河从园区旁流过。交通便利，京藏高速公路、110国道、京－包－兰铁路穿区而过，乌海机场、乌海火车西站毗邻园区，已形成公路、铁路、航空互为补充的立体交通网络。园区周边建有乌海市海南经济开发区、阿拉善经济开发区、蒙西工业园区、棋盘井工业园区等多家园区，为乌达园区经济的发展搭建了平台，产生了集聚效应。

乌达园区西靠贺兰山，东临黄河，南与宁夏回族自治区石嘴山市相毗邻，西北与阿拉善盟接壤，地处华北和西北地区交汇处，是东北、华北通往西北的重要交通枢纽。同时还是"宁蒙陕"经济区的结合部和沿黄经济带的中心，是新疆、甘肃、宁夏经济开发运行的大通道，在国家实施西部大开发战略中占有重要位置。周围100公里附近煤炭、硫铁矿、石灰石等资源十分丰富，配套优势明显，十分便于企业建设。

乌达工业园区现状

乌达工业园区航拍图

史沿革

　　1998年8月，按照内蒙古自治区政府《关[于]建设乌海高载能工业区的通知》，乌海市启动[工]业区建设。当时确立建设的基本思路：以优[势]资源和优惠政策广泛吸纳国内外投资，走煤[电]业一体化的路子。工业园区建设伊始，乌海市[秉]承"高标准规划、高标准建设"这一原则。到[20]02年末，乌达工业园区内的生产能力为24.8[万]吨，园区存量资产达到10.27亿元，建成企业[××]户。"九五"期间，乌海市工业园区初现规模。

　　"十五"之初，乌海市制定了《乌海市高[载]能工业区建设"十五"规划及2010年长期规[划]》。加快乌海高载能工业区建设加快，培育了[区]域特色经济，促进煤—电—高载能一体化发展。[　]"十一五"时期，乌海市提出加快新型工业化进[程]的要求，工业园区得到进一步发展，着力打造[精]品园区。园区一方面不断加大对工业园区的投[入]力度，另一方面进一步完善基础设施，优化产[业]结构，三个工业园区把招商与产业升级结合起[来]，以高于国家产业准入门槛作为进行入园审批[的]标准，着力构筑一批各具特色的优势产业集群。[20]10年，乌达工业园区规模以上企业实现工业[总]产值139.54亿元，园区落户企业77户，入[园]项目中，亿元以上的项目17个，工业产品达[到]60多种，形成了煤化工、氯碱化工、特色冶[金]、精细化工四大支柱产业。"十二五"以来，[乌]海市提出"做大做强优势主导产业、延伸产业[链]条、发展战略性新兴产业"的工业产业政策。[20]12年8月，开工建设乌海经济开发区低碳产[业]园，规划控制区总面积约550平方公里，重点[规]划区986平方公里，定位为专业精细化工产业[集]聚区，使乌海经济开发区形成一区四园格局。

乌达工业园区现状二

乌达工业园区现状三

乌达工业园区现状四

乌达工业园区现状五

乌达工业园区道路

乌达工业园区入口处

六、乌海市恒兴冶炼有限责任公司

建筑简介

乌海市恒兴冶炼有限责任公司位于乌海市乌达区工业园区内，公司主营业务为生产销售硅铁、电石等。公司于 2003 年成立，并于 2004 年投资成立了乌海市昕源化工有限责任公司，丰富了产品布局。乌海市昕源化工有限责任公司在乌达产业园内，南部紧邻 216 省道，东侧靠近 G110 高速，交通便利。至今这家公司已成为园区内重要的企业之一。

恒兴冶炼工厂内

历史沿革

乌海市恒兴冶炼有限责任公司成立于 2003 年 8 月 26 日，公司初期发展状况良好，于第二年投资建设了乌海市昕源化工有限责任公司，两家公司发展至今，已形成优势互补，通过提供高质量且丰富的产品，健全的技术服务和售后服务，成为了自治区著名的化工企业。

恒兴冶炼厂现状

建筑价值

乌海市恒兴冶炼工厂作为当地知名工厂其价不可忽略。企业的发展与当地的经济紧密联系，成为乌海市社会发展的缩影，其社会和历史价不可替代。工厂内生产工艺和主要设备保存良，能完整地展示工艺流程，大型生产车间使用有高度灵活性，厂区内有大量空地未使用，绿稀少，内部环境荒芜，因此具有巨大的再利用值，从而使得原有工业文脉得以延续，为城市展带来契机，为企业重塑生命，提升土地利用值。

建筑特征

乌海市恒兴冶炼工厂总体布局较为集中，所有建筑与设备集中在一起，整体由三个体块拼接而成，东侧为主要的单层生产厂房，西侧为两层的辅助空间，屋面架有各类生产设备，南侧为较小的设备用房。生产车间部分为两跨度生产车间，东侧一跨为较矮的车间，沉重柱都为钢结构牛腿柱，中间一跨为较高的车间，形成侧高窗，便于采光通风，此两跨屋顶为桁架结构，西侧一跨为辅助空间部分，为两层高的钢筋框架结构，与中间一跨连接处，承重柱为钢筋混凝土牛腿柱。此生产车间部分空间十分开阔，并与辅助部分形成视线交互，其辅助部分有圆形通高空间，便于形成较好的室内景观。外立面主要分为两部分，东侧生产车间为白色压型瓦，西侧辅助部分为清水砖立面。生产车间屋面为蓝色压型瓦拱形屋面，辅助用房为平屋面。

恒兴冶炼厂现状二

七、乌达工业园区——津达化工厂

建筑简介

乌海市津达精细化工有限公司是一家经国家相关部门批准的化工企业，公司自成立以来秉承科学思想崇尚科学态度，在科学理论的指引下不断推动企业发展，并且以国内一流、国际领先为目标，大力发展企业。同时公司积极组织员工学习，通过不断的努力，提高承担社会责任的能力。公司地址位于中国内蒙古乌海市乌达区乌达区工业园区内，主营业务为氢氧化钠（片碱），年产量四万吨。

建筑价值

乌海市津达精细化工有限公司成立年代较近，是一座现代化程度较高的工厂，工厂主体为一座大跨度车间，整体采用钢结构承重，外立面为白色压型瓦。工厂内部设备都较新，部分空间为两层，布置有各种化工设备。外部环境有大量闲置场地，其中工厂构筑林立，管道延绵不绝，构成独特的现代工厂景观。工厂一直创造大量济价值，为当地经济发展做贡献，并提供了大的工作岗位，极具社会价值。工厂一定程度上表了当代社会企业发展的风貌，成为现代社会展缩影。其本身也有很多再利用价值，若对工布局合理规划，可以进一步发挥其经济效益，塑企业生命。

津达化工有限公司工

津达化工厂内部现

内蒙古历史建筑丛书

近现代工业建筑

津达化工厂生产设备

津达化工厂现状

建筑简介

乌海市昕源化工有限责任公司的主营业务为生产销售化学原料和化学制品，乌海市昕源化工有限责任公司工厂位于乌达工业园区较为中心的位置，建成后成为乌达工业园区内较大的化工生产基地，拥有多个生产车间和生产设备，经过几年发展，成为园区内较有影响了的化学制品生产工厂。源化工有限责任公司工厂建造于2004年。建筑群现存厂房主要为三个厂，以及部分附属用房。

昕源化工厂现状

历史沿革

乌海市昕源化工有限责任公司厂区建于2004年，工厂建设初期，生产设备建成投产，工人积极工作，生产化学原料和化学制品因远销外地，后来由于外部竞争较大以及公司调整，工厂投入减少，现如今工厂已经荒废，成为城市历史印记和工业发展文脉的表现。

昕源化工厂现状

昕源化工厂现状

建筑价值

乌海市昕源化工为较早的化工企业，曾为当〔地〕提供就业岗位，现虽已停止生产，但工厂保存〔相〕对完整。工厂厂房分布错落有致，建筑形体丰〔富〕多变，与废弃工业构筑物交相辉映，极具工业〔美〕学气息，具有艺术价值。由于工厂保存相对较〔为〕完整，结构框架保存良好，有众多灵活空间，〔有〕利于塑造各类型空间，为改造提供了可能性，〔具〕有较高的经济价值。从工厂总平面图来看，整〔个〕厂区较多闲置区域，可以为城市增加公共空间。

为钢筋混凝土框架结构，建筑墙面为砖材，在时间的洗礼下，建筑遗存和工业构筑物有了历史沧桑感，极具感染力。

建筑特征

乌海市昕源化工厂地东侧为基地主入口，入〔口〕处有众多辅助用房，现存厂房分为三个，分别〔为〕1号、2号、3号厂房，在建筑周边为各类工〔业〕构筑物遗存，这三座工厂中，3号工厂为大空〔间〕厂房，内部较宽敞，空间灵活自由，其一侧墙〔面〕为镂空墙面便于采光，建筑屋面为拱形屋面，〔3〕号厂房内部遗留圆形通高空间。厂内建筑结构

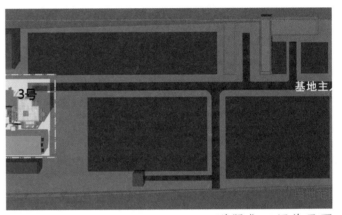

昕源化工厂总平面

昕源化工厂构筑物

九、乌达工业园区——阳熔有限责任公司

建筑简介

阳熔有限责任公司建设于2003年，主要生产经营黑色金属冶炼和压延加工。地处内蒙古自治区乌海市乌达区经济开发区乌达工业园区，邻近益隆铁合金有限公司。

历史沿革

乌海市素有"乌金之海"之称，其煤炭储量丰富，以优质焦煤为主。"九五"期间，乌海工业园规模初现。阳熔有限责任公司正是依托着园区的条件，优惠的政策资源，以及丰富的煤炭资源应运而生。"十一五"期间，随着基础设施的进一步完善，园区投入增加，公司得到了发展，为当地创造良好的经济效应，同时，为当地的工业发展添砖加瓦。而随着煤炭黄金期的逐渐消逝，"十二五"计划要求加快产业结构升级，发展新型产业，公司发展受阻，面临生产能力不足，科技含量不高，产业结构调整等一系列问题，最终成为园区发展的历史印记。

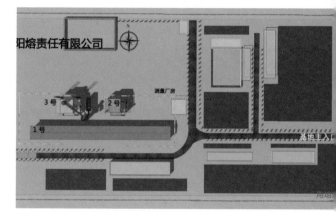

阳熔有限责任公司总平

阳熔工厂废弃设

建筑价值

厂区内的旧工业建筑主要为传统的框架结构砖混结构，屋面形式上平屋顶为主，空间形式以矩形空间厂房为主，建筑立面简单大方，整建筑风格也较为朴实。作为一个典型的工业厂，随时代的变迁，可成为城市历史变迁和发展标志，接受历史的洗礼，而建筑本身就是一个代工业技术的结晶与结果。厂区内的工业厂房、筑物（如大烟囱，工业设备）、场地的设计和用等等都体现着那个时代的美学价值。这些厂跟工业设备在废弃后，依然给人带来的韵律感、奏感，展现着曾经的工业风貌，其空间尺度仍震撼着每一个来参观的观众，建筑本身的大跨空间也留下了属于它的美学价值。近年来，对业遗产的保护与改造的愈发重视，保护与改造形式愈发完善，这些旧工业建筑在拥有历史文价值和美学价值的同时，也应拥有经济价值，下图的厂房，结构保存完整，跨度及层高较大，于改造利用。这些工业建筑在城市的发展中起

到了重要作用，取得了瞩目的成就，如今尽管建筑已经废弃，但长期以来已经成为了当地工业文化的一部分。

建筑特征

阳熔有限责任公司是一家大型金属加工公司，位于乌达工业园区内，厂区场地大致为矩形，厂地主入口位于场地东侧，一条东西道路与两条南北道路将厂区分成几大区域。西北侧为厂区内的生产区域，东北侧为空闲区域，南侧为办公区域。生产区域内车间大部分为二层车间，主体为钢筋混凝土梁柱结构，屋面为平顶，局部退台，每个车间体量都较小，整体布局错落有致，富有韵律感，此外有一座一层大型车间，屋顶为拱形，内部空间宽敞。建筑立面用砖砌筑，部分墙面镂空采光，阳光透过墙面射入车间内，光影斑驳。由于厂区废弃已久，一些建筑外立面砖材已经脱落，承重牛腿柱外漏，具有较强的工业气息。

阳熔 3 号厂房立面

阳熔工厂可利用空间

阳熔 1 号厂圆形通高空间

阳熔有限责任公司现状

十、乌达工业园区——益隆铁合金有限公司

建筑简介

　　乌海市益隆铁合金有限公司位于乌海经济开发区乌达园区内的高载能工业区，南临216省道，东部靠近110高速，交通便利，南面靠近恒兴冶铁有限公司，北部靠近阳熔有限责任公司，公司占地面积60000平方米，公司主要业务为硅铁生产加工。

历史沿革

　　乌海市益隆铁合金有限公司于2003年9成立，成立初期，公司充分利用园区内资源优开拓出一片市场。为了进一步扩大公司市场规提高产品竞争力，于2006年加强与其他企业合作，促进了资源优化整合规模化，极大地提了公司产品的竞争力。公司于2007年，通过了《合金行业准入条件》，取得了市场合格证，为业发展壮大提供了新的动力。公司积极响应国节能减排政策，进行产业结构调整，建设烟尘理收集系统，确保烟尘达标排放，成为当地较著名的铁合金公司之一。

益隆铁合金有限公司工厂一

建筑价值

工厂作为铁合金产业重要参与者，曾经有过辉煌成就，技术领先，敢于创新，解决过技术难题，是当时技术先进的企业，因此，具有科学技术价值。此外，工厂本身也具有经济价值，无论是继续作为工厂使用还是功能置换换作别的用途，都能创造经济效益。

道以及各类构筑物交织在一起，展现出一定的独特之处。

建筑特征

乌海市益隆铁合金有限公司厂区场地主入口位于场地东侧，生产区位于场地西侧，其他辅助用地位于东侧，内部道路联系紧密，分区明确。厂房由大型车间和辅助用房两部分组合而成。厂房承重结构为钢筋混凝土柱，屋面部分辅助用房部分为平屋顶，生产车间为桁架结构彩色压型瓦屋面。厂房围护结构辅助用房为砖材，生产车间为白色压型瓦。建筑与各类大型户外设备、管

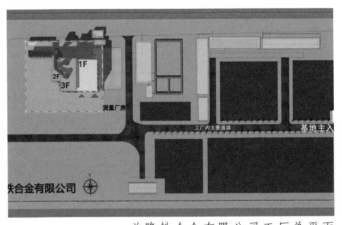

益隆铁合金有限公司工厂总平面

益隆铁合金有限公司工厂立面

益隆铁合金工厂内部

益隆铁合金工厂屋架

益隆铁合金有限公司工厂二

十一、内蒙古蒙利中蒙制药有限责任公司

建筑简介

内蒙古蒙利中蒙制药有限责任公司，地处内蒙古乌海市海南区"六五四"，是内蒙古伊利集团直接控股的中蒙药生产企业和自治区西部的大型中蒙药生产企业，自治区政府已将公司列为"扶持企业"，并先后获得"内蒙古自治区科技创新示范企业"、"质量、服务双佳明星企业"、"全区企业科技进步先进单位"、"年度全区科技先导型企业"、"乌海市民营科技企业"等多项荣誉称号。公司注册资金2900万元，总资产近亿元，员工300余人，其中高等学历的专业技术人员占42%，是集研发、生产、营销为一体的现代化中蒙药制药企业。

内蒙古蒙利中蒙制药有限责任公司现状

内蒙古蒙利中蒙制药有限责任公司现状二

内蒙古蒙利中蒙制药有限责任公司现状三

筑价值

　　社会价值——内蒙古蒙利中蒙制药有限责任
司为当地创造了一定的就业，同时为社会创造
一定的经济财富，对推动当地的经济发展作出
不可磨灭的贡献。

　　教育价值——该工厂新老建筑对比鲜明，没
那些初始的，甚至被认为是"原始的"工业，
没有对比，就不能体现今天的科技的进步和建
的成就。这些保留下来的工业遗产就是城市发
的"老照片"、"回忆录"，使我们缅怀过去，
育后人，更好地面向未来。像内蒙古蒙利中蒙
药有限责任公司这样的工业遗产建筑时刻提醒
们不能忘记前辈在医疗方面做出的努力，不能
记中国医疗事业发展的艰辛历程。

内蒙古蒙利中蒙制药有限责任公司现状四

内蒙古蒙利中蒙制药有限责任公司现状五

内蒙古蒙利中蒙制药有限责任公司现状六

建筑特征

工厂位于群山的包围之中，只有一条道路与外界连通，周边植被也相对较少，四周环境也比较荒凉。

工厂主要由两部分组成，一部分是新建的工厂，它主要是由新型的材料建造，颜色蓝白相间。建筑开窗主要是条形窗，开窗的面积也较大，能够满足对阳光的需求。建筑墙面上还镶嵌着玻璃体，使整个建筑虚实结合。建筑屋顶由坡屋顶和平屋顶相结合，建筑高低错落，大部分为两层，局部一层和三层。

一部分则是老建筑，建筑材料主要是红砖红瓦，建筑的屋顶大部分是坡屋顶，但也有高低的变化，有利于排水。屋顶上有竖起的烟囱，但部分屋顶有所破毁。工厂的大门和厂库的门也已经是锈迹斑斑，建筑的连接部分还有圆形的拱门。

整体建筑的一侧有一座李时珍的雕塑。

内蒙古蒙利中蒙制药有限责任公司现状

内蒙古蒙利中蒙制药有限责任公司现状

内蒙古蒙利中蒙制药有限责任公司现状九

内蒙古蒙利中蒙制药有限责任公司现状十

十二、神华乌海能源有限责任公司——西来峰产业园

建筑简介

西来峰循环经济工业区是 2001 年 6 月规划建设的新兴工业区，占地面积 15 平方公里，按照"高标准规划、高质量建设、高水平生产"的总体要求，工业区内规划了生产区、行政区、服务区、绿化区，该工业区是自治区和乌海市高载能工业发展的重点区，是全国最大的高载能产品生产基地。工业区通讯发达，基础设施完备，电力资源充沛。

西来峰循环经济产业是集炼焦、焦油加工、甲醇制造、硝铵生产、矸石发电为一体的绿色经济型企业。它的主导产品有焦炭、甲醇、焦油、硫铵、硫磺、粗苯、煤沥青、工业萘、轻油、蒽油、多孔硝铵等 20 余个品种。

神华乌海能源有限责任公司由原神华乌海煤焦化有限责任公司、神华集团乌达矿业有限责任公司、海勃湾矿业有限责任公司、神华西煤化股份有限公司于 2008 年 10 月 26 日重组整合而成，隶属于神华集团有限责任公司。

神华乌海能源公司是一个集煤炭生产、洗选焦化、煤化工及矸石发电为一体的多业并举、环发展的综合性能源企业。公司设职能部室个，生产、基建单位 40 个，员工 24000 余人公司总部位于乌海市海勃湾区。神华乌海能源限责任公司本着产业关联度强、生产集约度高原则，以创建本质安全型、质量效益型、科技新型、资源节约型、和谐发展型"五型企业"造神华一流煤炭综合能源企业为目标，以"安全稳定、发展"为主要任务，走产业循环经济发之路。

神华乌海能源公司西来峰循环经济工业园现状一

史沿革

2005年1月18日，在神华集团提出的"开拓土、重整河山、做大做强、打造辉煌"的战方针下，整合周边资源。

神华乌海能源有限责任公司由原乌达矿业有责任公司、海勃湾矿业有限责任公司、神华乌煤焦化有限公司、神华蒙西蒙西煤化股份有限司4家企业于2008年10月26日重组整合而成，属于神华集团有限责任公司。

2009年，乌海能源有限公司以科学发展观指导，积极应对由美国次贷危机引发的全球性融危机，创造了一季度原煤生产开门红的可喜绩：公司所属的9对矿井全线飘红，均圆满完原煤生产计划指标。

2012年2月，乌海能源公司被授予2011年乌海市主要污染物减排突出贡献奖；同时，位西来峰工业园区的煤化工研发中心项目获政府持资金100万元。2013年5月，神华乌海能公司获评内蒙古自治区"2012年度地方税收

西来峰硝铵有限责任公司大门

园区平面图

神华乌海能源公司西来峰循环经济工业园航拍图

第三篇 乌海市工业遗产

127

纳税百强企业"。

神华乌海能源西来峰硝铵有限公司注册资金2亿元，乌海能源公司出资80%，物资集团公司出资20%。项目概算7.13亿元，占地20万平方米。装置采用国内先进的15.0MPa低压合成工艺生产合成氨；采用双加压工艺生产硝酸；采用加压中和工艺生产多孔硝铵。产品有液氧、稀硝酸、硝氨（液体、工业、多孔），硝铵作为生产炸药的原料，主要供神华集团内部使用。公司坐落于神华乌海能源西来峰循环经济产业园内。公司依托园区内可靠的原料供应和完善的公共辅助设施等有利条件，利用焦炉煤气制甲醇后的弛放气和甲醇厂空分装置的氮气为原料最终生产硝铵，是西来峰循环经济产业链上的一个重要环节。

西来峰煤化工分公司是神华乌海能源有限责任公司下属分公司，坐落在内蒙古自治区乌海市海南区西来峰循环经济工业园内，占地面积228.56万平方米，员工2105人。园区项目总资产约62亿元，已建成项目有：300万吨焦化、30

万吨焦油深加工、30万吨煤气制甲醇、2x200瓦煤矸石发电、2300万吨黄河引水工程、18吨硝铵制造。

工厂布置

神华乌海能源公司西来峰循环经济工业园现状

筑价值

社会价值——目前公司拥有员工26000多，资产总额158亿元。企业具有煤炭资源16.3吨，洗选生产能力2020万吨，焦炭生产能力0万吨，煤焦油加工能力15万吨。企业发展整个社会经济生产产生重要影响，在经济发展、决就业等方面作出了重要贡献。

创新价值——神华乌海能源公司以资源的高利用和循环利用为核心，以"减量化、再利用、源化"为原则，通过煤炭产业链条的不断延伸，建起了新型循环经济产业模式，实现了由传统放型的煤炭企业向循环经济综合利用型的生态业的转轨，经济效益得到了大幅度提升。

人性化价值——针对工业生产造成的环境污，工业企业采取了多种治理措施，体现了企业社会的责任。煤矿生产出的原煤通过密闭胶带输机直接运送到洗煤厂入洗，洗出的精煤送到焦厂炼焦，炼焦过程伴生的焦油煤气等充分加利用，生产出了粗苯硫铵、硫磺、甲醇、硝铵等产品。产业链环环相扣产品互相衍生，洗煤炼焦过程中产生的废水，经过处理后，用在生产生活方面：洗选出来的煤泥、煤矸石用来发电，发电产生的热能供厂区工业用气、采暖、洗浴。电厂排出的煤灰渣用于水泥、制砖生产，实现资源逐层减量利用，逐步实现污染物的零排放。神华乌海能源公司通过这种技术的革新，保护了工人的身体健康和生命安全，体现了人性化的价值。

神华乌海能源公司西来峰循环经济工业园现状三

建筑特征

神华乌海能源西来峰工业园区紧邻 109 国道连接线以及铁路运输线，为对外的交通运输提供了便利。厂房建筑和设施设备被一条条园内道路连接，使得工厂运营流畅、高效。乌海能源公司辖矿井 11 座（其中生产矿井 9 座）、洗煤厂 12 座、焦化厂 5 座、电厂 5 座、煤焦油加工厂 1 座、甲醇厂 2 座、苯加氢厂 1 座。公司产品以主焦煤、1/3 焦煤、高热混合冶金焦、煤焦油、甲醇为主。园区从北至南依次布置了焦油厂、焦化厂、甲醇厂、发电厂。乌海市地处中国西北，属温带大陆性气候，春秋冬三季以西北风为主，夏季偶尔有偏南风，但较少，所以把污染较严重的工厂放在下风向，避免污染。

生产工艺影响着厂房立面设计：工业厂房建筑是为生产服务的，所以工业厂房的根本目的都是为了生产以及生产的效率，因此根据这个特点，它的生产使用以及功能反映在立面设计之中都是十分重要的，但是要保证整个厂房的外部形象内部空间的处理之间要互相协调和适应。热加的车间因为产生大量的烟气，所以要确保工业房有着良好的通风窗口以及排气的天窗设计。为处于不同的地理环境，自然环境也有着较大差异，这些差异会直接影响到工业厂房的立面计，工业厂房开窗面积较小，所以立面设计较封闭。

建筑材料和结构形式对厂房立面的影响工业厂房的建筑材料以及结构形式也在很大程上影响着厂房的立面设计。神华乌海能源有限任公司西来峰产业园的钢筋混的厂房显得雄浑犷。工厂园区内道路两侧有大量的绿植，不仅改善周边环境，净化空气，而且对工作人员等有心理调节作用。

神华乌海能源公司西来峰循环经济工业园现状

神华乌海能源公司西来峰循环经济工业园现状五

神华乌海能源公司西来峰循环经济工业园现状六

十三、乌海黑猫三兴厂

建筑简介

乌海黑猫是基于循环经济理念下由乌海黑猫炭黑有限责任公司与唐山三兴化工有限公司合作建设，公司地址位于乌海市海南经济开发区内，东南侧紧邻京拉线，西南侧靠近109国道线，交通便利，北侧为开发区腹地，有众多工厂企业。乌海黑猫厂区占地面积约160亩。公司结合当地资源条件，采用上下游一体化的发展方式，充分利用资源，注重产品链的延伸，以期构建以清洁能源、有机原料、合成材料等产品为主干的新型产业结构，最终实现提高产品附加值，建设具有循环经济特色的能源化工生产基地的规划目标。厂区为实现当地政府关于产品结构调整，发展循环经济政策起到强有力的推动，也促进了企业经济效益的发展，同时也为当地提供了众多就业岗位。

乌海黑猫三兴厂车

乌海黑猫三兴厂车间内

乌海黑猫三兴厂航拍

历史沿革

乌海地区矿产资源丰富，故该地区煤炭开采发达，与之配套的炼焦企业也随着煤炭大量开发展壮大，最早的焦化企业是乌达矿务局焦化厂。到1993年，乌海全市有炼焦企业共有220户，规模最大的是乌海市海勃湾焦化厂，此外海南区焦化厂、摩尔沟煤矿焦化厂也具有一定生产力，海南区焦化厂于1988年投产，位于海南区东北，占地面积6万平方米。随着海南区的经济发展和产业集聚，吸引了众多企业前来投资设厂。2008年4月，黑猫股份在乌海市海南经济开发区结合当地资源，投资建设乌海黑猫厂。随着经济体制改革的深入发展，循环经济理念深入人心，2011年8月，由乌海黑猫炭黑有限责任公司与唐山三兴化工有限公司合作建设乌海黑猫三兴厂，力图做好循环经济产业链的延伸，加强与周边地区和省份的小型企业联系，整合区域资源，深化产业链结构，使得该地区由输出简单工业原料向输出高附加值产品转变，也实现了"低能耗、低排放、原料吃干榨尽"的发展理念。现如今，乌海黑猫三兴已成为当地较为成功的化工企业之一，带动了下游产业的经济发展，增加了当地人员的就业机会，为乌海市工业发展作出了贡献。

乌海黑猫三兴厂牌

乌海黑猫三兴厂管道设备

第三篇 乌海市工业遗产

133

建筑价值

乌海黑猫三兴厂建于2000年以后，其自身价值可从经济价值、历史文化价值、社会价值以及艺术价值等方面面来分析。此工厂车间结构为大跨度钢结构，十分坚固，内部空间自由灵活。同时厂房具有很高的历史文化价值，作为当地知名化工企业，其本身便是乌海化工产业发展的见证者，记载着此地区的工业发展历程，因此保留工厂可以保留城市工业化的印记。关于社会价值，工厂曾经为当地提供了就业，为当地政府创造了税收。厂区内炼焦工艺主要设备和相关建筑保存完好，设备管道与各类高架构筑物交错纵横，各类大型设备体现出工业建筑所特有的尺度与美感，若保护并加以利用，赋予观赏价值，可形成园区内独特景观，从而最大程度开发其艺术价值。越来越多的人开始关注工业遗产的价值，随着时间推移，工厂会有更多的价值被人发现并加以用，这也是对于工业遗产的一种保护。

乌海黑猫三兴厂办公

乌海黑猫三兴厂立

建筑特征

乌海黑猫三兴厂占地规模较大，厂区内有数量众多的大型生产设备，高耸林立的烟囱和延绵不绝的输送管道共同组成了新世纪工业时代的建筑群。不同于老工业区的历史风貌，伴随着建筑材料的升级和建筑技术的革新，乌海黑猫三兴工厂建设大量采用钢结构作为承重结构，彩色压型钢板作为维护结构，从而展示工程技术的先进性，厂区内各式各样的生产工具、设施设备、输送管道等则展示出生产工艺的先进性，得益于大跨度结构和流水线生产，车间的生产空间更加开阔，从而能容纳更多设备，工厂的生产效率大幅度提升，这些方面无不体现工厂现代化工厂的魅力。由于工厂大范围采用钢材钢板，少部分办公建筑和辅助用房采用传统建筑材料，展示出具极强的现代工厂特点，而大部分建筑或设备外层材质为白色或蓝色涂层，既能防止钢材生锈老化，也能带来整洁干净视觉感受。

乌海黑猫三兴厂高塔

乌海黑猫三兴厂现状图

十四、乌海市白云化工材料有限公司

建筑简介

在白云化工厂的总体布局中，厂区选址位于背靠山体的平坦地带，33座小型建筑围合成为相对封闭独立的组团关系。建筑、构筑物外围护面上有承载历史信息的宣传栏、标语或标识。

白云化工厂的平面布局形式，与地形关系结合密切，建筑布局走向顺应地形。厂区东部建筑组团，空间疏朗，周边建筑体量变化丰富，形成厂区的中心。西部建筑组团，布局紧凑。建筑整体风貌以单层厂房为主，东侧组团中，建筑围合成广场，与入口形成对景关系。在厂区东侧组团中，在视线走廊的尽端，出现了三个为一组的烟囱，形成了景观的节点。在白云化工厂的平面构成关系中，可以清晰地理出，在这里不仅存在过火红的生产建设场面，还存在过真实的产业工人生活的景象。这可能与白云化工厂所处的地理位置较偏僻有关，所以需要在厂区空间中保存生产和生活两种不同的功能。

工厂的宣传标

广场前的雕

白云化工厂航拍

筑价值

城市景观层面——从白云化工厂墙面现存的
标语中,可以明显地看到计划经济时代的印记,这种痕迹正是厂区人文精神和历史沧桑感的体现。

建筑设计层面——白云化工厂的独特之处在于,其根据生产或生活需要在建成工业厂区内,建筑整体的独特图底关系不同于以往的工业建筑,而是体现出"工业建筑生活化"的特征,并其中有能反映其历史风貌的标语和雕塑,具有特殊的产业特征和风貌,成为厂区内具有标志性的景观和环境节点,对建成环境产生特殊的艺术审美价值。

创新价值——工业企业在厂区规划、工业建筑设计过程中,采取的新理念、新方法,取得的成果,以及所具有行业和社会推广价值,我们称之为"创新价值"。白云化工厂厂区整体布局非街区而似街区,有充分的识别性,形成区域组团,是城市历史发展与演变的证据,为原创性文化产业提供灵感。

产业价值——主要体现于工业生产中世代相传的工艺做法,具有特色的工艺传统、现代科学的工艺流程以及科学创新等,包含许多古老或者陈旧的工业流程中的人类技能,具有重要的产业价值,其损失将是不可挽回的。白云化工在特定工艺流程下所构成的逻辑关系和整体风貌,专用的生产货场、蜿蜒的货运铁路、沧桑的厂房作坊等都彰显出特有的机器美感,这看似破旧、实则浪漫的艺术形式正是当时人们所追求向往的。

1号工厂外观

建筑特征

在白云化工厂的总体布局中，厂区选址位于背靠山体的平坦地带，33座小型建筑围合成为相对封闭独立的组团关系。建筑、构筑物外围护面上有承载历史信息的宣传栏、标语或标识。

白云化工厂的平面布局形式，与地形关系结合密切，建筑布局走向顺应地形。厂区东部建筑组团，空间疏朗，周边建筑体量变化丰富，形成厂区的中心。西部建筑组团，布局紧凑。建筑整体风貌以单层厂房为主，东侧组团中，建筑围合成广场，与入口形成对景关系。在厂区东侧组团中，在视线走廊的尽端，出现了三个为一组的烟囱，形成了景观的节点。在白云化工厂的平面构成关系中，可以清晰地理出，在这里不仅存在过火红的生产建设场面，还存在过真实的产业工人生活的景象。这可能与白云化工厂所处的地理位置较偏僻，所以需要在厂区空间中保存生产和生活两种不同的功能。

在白云化工厂的平面构成关系中，可以看到，

在相对封闭而且独立的厂区环境中，通过建筑计实现的工作环境与生活环境的融合，这可能现代城市规划领域倡导的严整的城市功能分区念有冲突之处，但这也是在相对偏僻的环境中进行工业建设，且要解决产业工人的生活空间塑造的一种有益的探索与尝试。

白云化工厂的入口部分，采用对称式设计在显著位置书写"自力更生"，带有鲜明的时特征。入口处的处理，留有较大的空间，处理广场，结合带有时代感的雕塑，塑造出厂区独的氛围。

在白云化工厂的建筑当中，多为砖木混合构，用砖墙承重，屋顶采用木屋架或木桁架，屋架多采用双斜撑式木屋架，建筑采光充分，风良好。有7座建筑采用了钢筋混凝土梁柱结构在极个别建筑中，还采用了井字梁结构。建筑面简洁大方，5座建筑设计有天窗，体现出强的现代主义设计风格。

33号工厂外观

5 号工厂外观

白云化工厂大门

白云化工厂现状

1号工厂室

5号工厂室内

白云化工厂外

10号工厂室内

18号工厂外

21号工厂外观

25号、27号工厂外

28 号、29 号工厂外观

16 号工厂外观

第四篇 其他盟市工业遗产

建筑简介

博克图铁路电务段旧址，位于呼伦贝尔市博克图镇，紧邻中东铁路。建筑形式呈"一"字形布局，建筑布局十分简洁，建筑形体也没有过多的装饰，简单的长方体坐落在博克图站附近。建筑主体二层，屋顶局部凸出，形式为四坡顶。建筑占地300平方米，建筑面积约670平方米。建筑主体结构为砖木结构，用砖木材料建造房屋，方便容易获取，实用性强保温隔热效果较高。建筑立面为左右不对称形式，主入口的门不像其他建筑一样开在正中央，而是开在建筑主立面的一侧。建筑开窗形式为传统的横向开窗，窗户三三两两为一组，用同一颜色的窗框将其包裹，从而在单调的建筑立面上，形成活泼的韵律节奏。初建时建筑的外立面粉刷黄色涂料，但随着时间的推移，建筑的外立面以及屋顶均有不同程度的破损，当地政府于2015年前后对建筑的外立面进行了重新改造，将立面刷成深红色，与周边建筑融为一体。由于博克图冬季较长较为寒冷，屋顶易破坏，在改造时更换了屋顶的材料，采用彩钢屋顶，避免冬季积雪带来的损坏。建筑内部功能空间保存完整，并未对建筑室内进行改造，现阶段该建筑仍然处于使用状态。

历史沿革

博克图是蒙语，意为"有鹿的地方"，"文化大革命"时期称作"东风岭"。博克图镇的行政区域面积为1049平方公里，共有少数民族14个。镇区北高南低，由于地势险要且多隘口，所以历来都是军事、战略要塞。博克图镇自然资源丰富，景色宜人，对外交通便利，以旅游业为主

博克图铁路电务段旧址一

济较为发达。中国第一条儿童铁路就创建在博图铁路体育运动场，当时儿童铁路设三个站，别为：北京站、博克图站、莫斯科站。"文化革命"初期没人维护，设施拆除后丢弃在铁路小的仓库里，后来儿童铁路改为铁路体育场，今在原有的基础上建成了铁路。

中东铁路全称为"中国东方铁路"，也被称"东省铁路"、"东清铁路等"，在俄日战争后铁路才被定名为"中东铁路"，意思为中国部省份铁路，中东铁路早期由沙皇俄国在19纪末20世纪初修建，其主要意在攫取中国东资源，1897年8月动工，形式为一条"丁"形铁路，1903年7月通车。凭借着这条铁路，地以商贸为中介开埠，哈尔滨、满洲里、扎兰由此得到了巨大的发展，而大量资本的涌入，得30余个国家来这里设立领事馆。

1932年。日本侵占呼伦贝尔。实现对东北全境的占领，在中东铁路沿线建筑了大量的飞机场、飞机库、兵营、慰安所、学校等，目前呼市现存：乌奴耳侵华日军要塞遗址、绰源侵华日军飞机库遗址、免渡河、凤凰山侵华日军碉堡遗址等。博克图现存五座，虽经自然风化、人为改造，但是仍然展示出当年日本侵略者烧、杀、抢、夺的狰狞面孔。保护它们是为了警示后人"铭记历史、勿忘国耻"。牙克石市人民政府将此项工作纳入议事日程，将其复原如初，以推动博克图地区的经济发展。博克图铁路电务段旧址建筑建于20世纪40年代，该建筑于2014年6月29日评为历史建筑，并在2018年1月入选第一批中国工业遗产保护名录。

博克图铁路电务段旧址二

建筑价值

电务段是铁路运行系统中非常重要的一个机构，其主要职责为管理和维护铁路运行中的机车信号和地面信号，并保证道岔正常工作的铁路运行维护单位，通俗来说，就是负责"交通红绿灯"的单位。通过管理和维护型号设备，以及维护转辙机及道岔使得道岔得以正常工作，来确保列车的行驶安全。

电务段与其他部门的关系：电务段通过集中铁路调度各个职能协调指挥铁路调度的正常运作，为车站确保车站信号设备良好的运作状态，为机车乘务人员提供精准的地面新号与机车信号，协调电务部门负责区间道口信号设备维护，为设备提供长期稳定的电源，协调供电和店务部门保持其良好的运作。铁路电务段不仅记录着自己的历史，还深刻地描绘着中东铁路的荣辱兴衰。

博克图铁路电务段旧址

中东铁路

筑特征

博克图铁路电务段旧址、博克图小镇与中东路，三者之间紧密相连。博克图是中东铁路沿上的一座小镇，曾经是一个重军把守的要塞，中国历史上的重要连接点。博克图铁路电务段址这种特殊功能的建筑，把博克图和中东铁路紧连接在一起。通过对博克图铁路电务段旧址研究，可以瞻仰工业建筑遗产的魅力与其建筑身的价值。与此同时工业建筑遗产也不断地向人展示历史之美与建筑之美。

博克图铁路电务段旧址四

中东铁路二

建筑简介

　　中东铁路仓房、中东铁路仓库旧址位于陈巴尔虎旗呼和诺尔镇哈日干图嘎查村，中东铁路仓库占地面积75.6平方米，砖木结构，属于俄式砖房风格。中东铁路仓库旧址占地面积62.5平方米，由石材与木材搭建而成，典型的俄式风格，其中的主要原因是受到当时历史大背景的影响。由于当地气候严寒，让房屋显得厚重敦实。

中东铁路仓库现状

中东铁路仓库现状

内蒙古历史建筑丛书

近现代工业建筑

中东铁路仓库旧址

史沿革

　　清咸丰八年的中俄《瑷珲条约》及咸丰十年中俄《北京条约》，俄国得到了包括海参崴在的黑龙江以北及乌苏里江以东的土地。为了增本国的经济政治竞争实力，开始了中东铁路的设，中东铁路仓库及旧址也正是在这个时期应而生的。

　　19世纪末20世纪初，社会性质的改变和产方式的改变对建筑提出了新的要求，产生新的建筑类型、技术和设计思想与之相适应，东铁路就是在这种时代背景下修建起来的。俄和日本在对铁路附属地的建设中顺应了这一潮，体现了建筑的近代化特征。

中东铁路仓库旧址现状一

中东铁路仓库旧址现状二

中东铁路仓库旧址航拍图一

建筑价值

　　中东铁路仓库和仓房旧址是中国近现代历史的见证者，它具有非常强烈的历史纪念价值。独特的俄罗斯风格建筑形式也给人带来了美的感受，具有一定的艺术价值。另外在特殊的历史时代中东铁路仓库的经济价值是不可替代的。

中东铁路仓库旧址周边建筑

中东铁路仓库旧址周边建筑

中东铁路仓库旧址

筑特征

中东铁路仓库采取的是砖木结合的建造方，在风格上也显现着浓郁的俄罗斯形式。在立开窗上有方形窗，也有小一点的窗。开窗形式同，很大程度取决于仓库储存物品的类别。双式的屋顶形式减轻了建筑厚重的感觉，同时增了建筑的立面效果。

中东铁路仓房旧址仓库采用石料堆叠而成，且石块大小都比较均匀，偏小型多一些；石块形状没有统一的标准。其门窗的贴脸并无太多杂的装饰，均采用砖砌，看起来十分简洁。

中东铁路仓库现状一

中东铁路仓库现状二

中东铁路仓库旧址航拍图二

建筑简介

　　2号小仓库旧址位于陈巴尔虎旗呼和诺尔镇哈日干图嘎查村头，建筑面积52.1平方米，总高3米，建筑一共1层，是典型的俄罗斯建筑风格。

　　车站通讯机械室位于陈巴尔虎旗呼和诺尔镇完工嘎查村，建筑面积共为72.2平方米，建筑高度3.2米，共为1层，主题材料为砖石和木材，功能上属于公共建筑，虽然经历百年风雨的洗礼，仍然可以看出俄式建筑风貌。车站电务库房位于陈巴尔虎旗呼和诺尔镇完工嘎查村，总建筑面积110.6平方米，建筑高度共4.7米，建筑层数1层，主题材料是砖石和木材，具有浓郁的俄罗斯建筑风格。

车站电务库房现状

车站电务库房现状

车站电务库房现状

内蒙古历史建筑丛书

近现代工业建筑

史沿革

　　2 号小仓库位于中东铁路沿线上的赫尔洪德，此站开于 1901 年，在中东铁路时期属于五站。车站地址位于内蒙古自治区陈巴尔虎旗完镇哈尔干图。赫尔洪德站位于风景秀丽的呼伦尔大草原，铁路对于当地来说是唯一的交通方。

　　车站电务库房和车站通讯机械室位于中东铁沿线上的完工站，此铁路车站建于 1901 年，属于四等站，目前为乘降所，车站隶属中国铁哈尔滨局集团有限公司海拉尔车务段管辖。

车站通讯机械室现状一

车站通讯机械室现状二

车站通讯机械室航拍图一

建筑价值

　　2 号小仓库是中东铁路上不可替代的一个历史建筑，具有极大的历史价值，俄式建筑风格带给人们丰富的艺术价值。车站电务库房矗立在曾经的中东铁路沿线上，代表了一定的历史时期，具有历史价值。其次，对于历史建筑研究者和想要了解这段历史的群众来说具有非常重要的文化价值。车站通讯机械室建于近现代，拥有百年历史，其历史价值不必多说。艺术价值和文化价值也全部体现在其俄罗斯风格的建筑形式和风格装饰上。

车站通讯机械室航拍图

车站通讯机械室现状

2 号小仓库旧址现状

筑特征

　　2号小仓库、车站电务库房作为中东铁路文的衍生品，具有鲜明的文化与建筑特征。中东路附属建筑群主要以田园风格的独立建筑为，包括仓库、电务室、通讯机械室、站房等。年来，政府不断加大文物保护投入力度，对"中铁路"建筑因年久失修而出现墙体裂痕、基础沉，遵循"修旧如初"的原则进行修复、加固。号小仓库的建筑原貌保存完好，很好地展示出时的俄式建筑风格，石墙、小窗、双坡屋顶。务库房、通讯机械室由于年久失修，现已进行新，历史原貌展现不完全，但内部空间的布局式却依稀可见。这类中东铁路附属性质的用房，于中东历史的研究具有很好的参考价值，承载那个时期的建筑特征。

车站电务库房现状四

车站电务库房航拍图

车站通讯机械室现状四

四、蒙兀室韦苏木老木屋（呼伦贝尔市）

建筑简介

　　室韦位于内蒙古自治区呼伦贝尔额尔古纳市境内，主要由室韦蒙古族发祥地区域和恩河俄罗斯民族村区域组成，是我国内蒙古自治区现行最北部的乡（镇）之一，曾被评选为中国十大魅力名镇之一。室韦俄罗斯族民族乡是蒙古族祖先鞑靼人的发祥地，有较多的城市遗址可供参考。它以深厚的历史文化内涵和底蕴吸引着无数的蒙古族儿女前来寻根、祭拜、观光以及各种考察团前来探索发掘。室韦作为我国唯一的俄罗斯民族乡，是以我国俄罗斯族和华俄后裔为主体的聚集地。现如今俄罗斯族人仍然以"木刻楞"为居所，以俄罗斯传统的生活方式为依存，在呼伦贝尔，这样的生活场景十分常见。

　　蒙兀室韦苏木老木屋始建于1940年，是俄罗斯族典型的传统的住宅名居。俗话说"靠山吃山、靠水吃水"，生活在呼伦贝尔的人民的衣食住行都与森林有密不可分的联系，这种用木材搭建的房屋，又称作"木刻楞"，别具一格，形成了当地具有特色的林区民居文化，具有冬暖夏凉、结实耐用的特点。在额尔古纳沿河流域，这种"木刻楞"风格的建筑十分常见，而在这一带生活着很多华俄后裔，这些房屋见证了中俄文化的交融合，从房屋的建筑风格上仍然可以看到哥特建筑的风格，是长期生活在这里的人民依靠生产生活的经验所创造出来的一种建筑文化。

蒙兀室韦苏木老木屋航拍图

史沿革

清顺治6年，大清帝国开始大肆鼓励向东北移民。几乎在同一历史时期，沙皇俄国在西伯利亚和远东地区奉行"边区俄罗斯化"政策，也掀起大股移民运动。

大约在19世纪下半叶，两巨大的移民流体在黑龙江流域、额尔古河畔砰然相撞。最终相互交换，相互依存，相互渗透。自从《尼布楚条约》后，才正式产生了以"额尔古纳河"为界的中俄边境线，从此造成了中国境内留有大量俄国居民。所以室韦地区具有独特的中、俄、蒙交汇的人文气息。所以俄罗斯的人文、教育、建筑等文化流传至我国东北部。由于俄罗斯地处东欧，森林密布，气候较为寒冷。从公元9世纪开始，俄罗斯人利用当地的资源，创造出用木材建造房屋

防寒的方法。在古俄罗斯，一切建筑都是木结构的，包括教堂、宫殿、民居等。而典型的一些俄罗斯传统建筑被当地人称为木刻楞，具有冬暖夏凉，结实耐用等优点。

室内分隔空间

蒙兀室韦苏木老木屋现状一

建筑价值

历经百年的俄式木刻楞建筑粮仓扮演了重要的角色，充分体现了当时人们"因地制宜、就地取材"的建造特点以及劳动人民的智慧。为研究百年以前中俄边境独特的建筑风格提供历史佐证，对于研究中国木结构建筑具有较高的科学艺术价值。随着时代的前进发展，大量的俄罗斯民居被现代的建筑所替代，但是由于防寒特点突出，传统的木刻楞民居仍在广大农村中使用。

室内结构展

室内效果展

蒙兀室韦苏木老木屋航拍图二

筑特征

　　木刻楞最大的特点就是利用当地原有的木材行建造，具有冬暖夏凉、结实实用的特点。这单一用木材构筑的房屋大多建在台基上，外表四方形，十分高大，墙壁很厚。房顶倾斜，有上面还覆有漆着油漆的铁皮。正门前有门庭和廊。室内分工较为明确。冬天由于火墙和壁炉作用，使得热气环绕于夹层，房间会感觉十分暖。地面的装饰多以砖为主，上面铺就地毯。

屋架结构细部

屋顶处结构细部

蒙兀室韦苏木老木屋现状二

五、扎兰屯制药厂（呼伦贝尔市）

建筑简介

制药厂库房现状

　　该建筑群位于内蒙古区扎兰屯市胜利路57号。扎兰屯制药厂是内蒙古自治区内最早一批的制药厂房，是综合性制药企业。主要产业为生产中成药，是国家高新技术企业，内蒙古自治区科技名牌企业，内蒙古自治区级农牧业产业化重点龙头企业，2006改名为松鹿制药厂，且松鹿牌商标是内蒙古自治区著名商标。

制药厂库房室内现状

制药厂库房航拍图一

史沿革

扎兰屯制药厂库房原为扎兰屯市纺织站使，2004年被扎兰屯市制药厂收购。松鹿药业限公司是国家GMP认证企业。1954年在扎兰市建成，是内蒙古自治区最早的制药公司之一。03年，呼伦贝尔市的5.0万亩药材基地在企的悉心灌溉下取得了一定的成效。2004年制厂被评为呼伦贝尔市工业化龙头企业。企业于06改名为松鹿制药厂，2009年被评为扎兰屯非公有制经济企业先进企业和非公有制企业党工作，并且企业和内蒙古医学院建立了长久的作关系，为毕业生提供实习场所和技术指导，药品研发过程中取长补短，资源共享，企业在进中、蒙药物的发展道路中日益壮大，技术力愈加雄厚。目前制药厂生产的药品类型有丸剂、剂、片剂、胶囊、口服液、糖浆剂、颗粒剂等七个剂型一百九十余种。厂内正式员工260余人，各类专业技术人员60余人，执业药师8人。扎兰屯制药厂对当地的经济和产业发展提供了丰富的资源。

制药厂库房现状二

制药厂库房航拍图二

建筑价值

　　过去扎兰屯市经历了一段时间的俄治时期，因此建筑整体充满了俄罗斯韵味，仓库的平面是规整的矩形，双坡的屋顶铺着红色的彩钢材料，看起来均是近几年再重新铺装的，然而其立面装饰和窗户还是具有很浓厚的历史感，建筑结构为钢筋混凝土框架，主体为红砖砌筑，库房的立面开窗为双层开窗，过长的立面通过突出的壁柱进行分割，显得整个立面不会那么单调乏味。山墙被两个壁柱分成了三个部分，显得更加有层次感。即使只是一个储存物品的库房，也具有强烈的历史文化价值。库房内部存放大量的生产所需的原材料，对于企业的发展和运作具有很重要的经济和功能价值。

制药厂库房室内现状

制药厂库房细部展

内蒙古历史建筑丛书

近现代工业建筑

制药厂库房航拍图

筑特征

　　扎兰屯制药厂坐落在风景如画的内蒙古自治
扎兰屯市，是内蒙古自治区内最早一批的制药
房。该建筑建于1953年，建筑结构为钢筋混
土框架，主体红砖砌筑。制药厂总占地面积为
万平方米，其中2万平方米为建筑面积，厂
内的厂房和设备均按照是国内一流的水准给予
配。

制药厂库房室内现状三

制药厂库房现状四

制药厂库房现状三

建筑简介

　　铁路西货场材料仓库旧址、中东路修配车间石头仓库位于满洲里市北区街道办事处文明社区文明路南铁路西货场院外南部，2017年12月5日，按照住建部和自治区住建厅要求，为加强满洲里市历史建筑保护工作，市政府公布了十处历史建筑，随后市规划局对十处历史建筑进行了挂牌。铁路西货场材料仓库旧址、中东路修配车间石头仓库就是其中的两个，为了更好地保护历史文物、挖掘文化内涵、传承历史文脉、复原标志节点、重构空间肌理、恢复街区记忆、优化城市功能、再现历史风貌，满洲里市以中东铁路第一站为主题，围绕俄式建筑集中区域划定了南区和北区两条历史文化街区。其中，中东铁路第一站南区历史文化街区位于市区铁路以南、道口路以西、阜城街以北，街区总面积36.6公顷，街区内有级文物保护单位29处。

中东路修配车间石头仓库

中东路修配车间石头仓库

内蒙古历史建筑丛书

近现代工业建筑

史沿革

1896 年 6 月 3 日，清政府钦差大臣李鸿章莫斯科同俄国签订了《中俄密约》，俄国人取在中国东北修建铁路的权利。与此同时，还着火车站附近的铁路沿线修建了一系列附属建，铁路西货场材料仓库旧址、中东路修配车间头仓库也在其中。满洲里站与俄罗斯铁路后贝尔站接轨，其历史悠远沧桑。1901 年满洲里建成后，同年 11 月 3 日正式通车运营。而后，着中东铁路的全线开通，满洲里站归由中东铁公司管理。1945 年 8 月 15 日，日本投降后，洲里站改由中苏共同派员组成的中国长春铁路司管辖。这一时期的满洲里站客货运量仍没有幅增长，只限于运送战争物资和战后重建物资，担着将苏军大批战利品运往苏联西伯利亚地区运输任务。1946 年东北解放，中长铁路护路开进呼伦贝尔，接管了满洲里站，车站回到了民的怀抱。满洲里站即刻投入到支援全国解放行列之中，成了军事后勤转运基地。今天，铁路西货场材料仓库旧址与中东路修配车间石头仓库虽然已无实际用途，但他们的存在不仅见证了中东铁路的诞生，更见证了中国的一步步强大，具有重要历史意义。

铁路西货场材料仓库旧址一

铁路西货场材料仓库旧址二

建筑价值

　　对于中东铁路建筑群的保护性开发，对于历史文化街区的保护性开发有相当重要的历史价值。相关部门应尊重历史，本着修旧如旧的原则，考察历史建筑的原有形态，聘请具有相关资质的施工方进行施工。聘请"外脑"，充分发挥"外脑"智囊团的作用，有责任心的本土企业也应参与进历史建筑的保护性开发工作，利用这些带有浓郁异域建筑风格的老建筑讲好满洲里市的故事，把老建筑所包含的文化内涵和艺术之美向人们进行完美地展示。在棚户区改造期间专门对历史建筑进行针对性的保护，保障历史建筑不受破坏，留住乡情、留住老满洲里的痕迹。

铁路西货场材料仓库旧址

铁路西货场材料仓库旧址

铁路西货场材料仓库旧址

近现代工业建筑

建筑特征

铁路西货场材料仓库旧址原来是停放机车的[机]头房，异常坚固，必要时可作为堡垒。可如今[的]铁路西货场材料仓库旧址虽然经过了修复但周[围]完全变成垃圾堆，这些百年有余的文物，见证[了]这座城市从无到有的历史，如今却大多废弃在[断]巷残骸中，值得我们深思。保护历史建筑不应[仅]仅为了保存而保护，更应为了复兴而修护。

历史上的华洋聚居构成了满洲里市独特的城[市]风貌，充满了异域风情。随着时代的快速发展，[多]数低矮的木刻楞、石头房已被崭新的大楼所替[代]，但是我们仍能从现存的历史建筑、影像收藏[资]中看见百年满洲里市的历史足迹。铁路西货场[材]料仓库与中东路修配车间石头仓库就是现存不[多]的历史建筑。起初由俄国人建造使用，因此带[有]俄罗斯风格与哥特建筑元素在里面。

中东路修配车间石头仓库三

中东路修配车间石头仓库四

中东路修配车间石头仓库五

建筑简介

中东路机车修配车间旧址位于满洲里市文明社区南 545 米铁路西货场仓库西侧。"中东铁路"是"中国东部（省）铁路"的简称，全长 2400 多公里，其干线西起满洲里，东至绥芬河，横跨内蒙古、黑龙江，与俄罗斯的西伯利亚大铁路相连接。1896 年，中俄两国签订协议，清朝政府允许沙俄在中国境内修筑这条铁路。

满洲里市是中东铁路的始发城市，作为中东铁路最早的火车站之一，满洲里站历史上承担着中俄贸易 60% 以上的陆路运输任务，目前仍是中国最大的陆路运输口岸。相关的建筑遗存主要集中在火车站附近，保存完好。中东铁路扎兰屯机车修理车间旧址就是其中之一。

中东路机车修配车间旧址

中东路机车修配车间旧址

史沿革

中东铁路机车修理车间旧址是中东铁路沿线中的一个工业遗产，在中东铁路的满洲里火车附近，该站原为中俄共同修筑的东清铁路（中铁路）西线上车站。车站开站于1898年，站位于内蒙古自治区呼伦贝尔市满洲里市南一道。1900年4月，俄国筑路队进驻"霍勒金布格"，开始修建东清铁路。次年，这条线路上第一座车站建成，站名为满洲站。"满洲"意满清政府统治下的东北地区，又因此站是进入国境内的首站，俄国筑路队故将之定名为满洲。俄语"满洲"发音为"满洲里亚"，再转译汉语时，便成了"满洲里"。至此，我国东北区重要的陆路口岸站——满洲里站诞生了。附着机车修理车间也在该站周边诞生。

中东路机车修配车间旧址三

中东路机车修配车间旧址四

中东路机车修配车间旧址五

建筑价值

中东铁路遗产保护利用为建构我国的遗产保护理论与方法提供了新的机遇。中东铁路机车修理车间在今天同样具有重要意义，我们不仅拥有足够的文化自信保护利用展示好中东铁路遗产，而且能够以此为基础建设与发展21世纪的国际合作大走廊，融合历史文化于新型城镇化和现代科技之中。

今后，应当形成东北亚跨国铁路遗产保护利用的国际合力，综合研究沿线遗产保护、城镇发展、企业产业转型、资本融通等问题。充分发挥中东铁路遗产的国际价值和意义，将原本处于世界一隅的东北亚变为国际经济、贸易、产业和文化的一处重心，形成一种以遗产保护推进地区发展转型的亚洲模式。如果我们对这种前景拥有信心，则从现在开始，对中东铁路遗产的保护就应当以科学利用为导向，应当发挥现代科技的力量，尽可能使百年前的铁路遗产获得新生，而不是形成一批仅供参观旅游的"博物馆"系列。

中国的文化遗产保护正在成为一种国际流的方式和手段。所不同的是，我们强调文化流与合作的文化平等性、互惠性和进步性。只这样，中东铁路扎兰屯机车修理车间这个工业产保护才会因其特性而彰显共通的人类价值和义。

中东路机车修配车间旧址

中东路机车修配车间旧址

筑特征

　　"中东铁路"建筑群主要以田园风格、花园的独立建筑为主，包括俄式火车站、站前休闲场、机车修理车间、中小学校、避暑旅馆和吊公园等。近年来，政府不断加大文物保护投入度，对"中东铁路"建筑因年久失修而出现墙裂痕、基础下沉，遵循"修旧如初"的原则进修复、加固。

　　在建筑东立面，彩钢板的大门已经看不到原颜色，而原有砖墙表面也已经脱落许多，但从户上的拱券与檐下的装饰也能看到田园样式的子，仿佛向人们诉说着历史的故事。

中东路机车修配车间旧址八

中东路机车修配车间旧址九

中东路机车修配车间旧址十

八、火车站站房（兴安盟）

建筑简介

伊尔施火车站，位于内蒙古自治区阿尔山市林海街道办事处伊尔施村，始建于1937年8月。伊尔施站因曾经修建白阿铁路（白城至阿尔山）延伸至此而设站，为白阿铁路终点站，同时伊尔施站还是"两伊铁路"的终点站。两伊铁路（铁路部门官方称为"伊阿线"），北起内蒙古呼伦贝尔市鄂温克旗伊敏镇，南到兴安盟伊尔施镇，南出口与白阿线相连，铁路全长185.406千米（伊敏至伊尔施南线路所）。伊尔施火车站站房位于阿尔山贮木场院内，建筑结构为砖混结构，平房，目前仍在使用，平均每天只有一趟火车经过，较为冷清。

伊尔施站

伊尔施车站风景

火车站站房一

史沿革

　　虽然伊尔施是一个村落，却拥有丰富的旅游源和一大一小两种火车。阿尔山市最多的旅游源都处于伊尔施镇。除了现在正规的白阿铁路延续到伊尔施）和两伊铁路的"大火车"，伊施火车站还始发过深林绿色的"小火车"。虽现在已拆除了，但是提起"小火车"，那"火一响，黄金万两"的光阴依旧历历在目。当年伊尔施森林小火车是捷克造蒸汽式机车。早在世纪50年代，林区就开始用这种小火车从山林场往伊尔施贮木场拉运木材，到1996年随林区木材产量的锐减，小火车退出了历史舞台，火车路基也在当年拆除，只留下兴安到杜鹃湖一段。为纪念小火车在林区木材生产史上的重作用，阿尔山林业局特意保留了一台小火车，游人参观。

伊尔施车站风景二

火车站站房二

火车站站房三

建筑价值

　　作为白城与阿尔山铁路的终点站，不仅连接了两个城市，在 20 世纪 60 年代，将贮木场的建材向外界运输，向新中国供应源源不断地材料，同时促进了阿尔山工业的发展，也见证了新中国成立之初的进步。伊尔施的天然美景在当时吸引了众多的游客前来参观，一时火车站竟变得风光无限，游客都乘坐小火车参观被称作"森林之城"的伊尔施，去游览"兴安小天池"、"杜鹃湖"、"石塘林"等著名景点的旖旎风光。

　　现在伊尔施的"小火车"虽已退出历史舞台，却代之以新兴的两伊（伊尔施—伊敏）铁路，伊尔施成为这条铁路的始发站。这条铁路已于 2010 年 3 月正式开通运营。

火车站站房

火车站站房

火车站站房

筑特征

火车站站房的铁路工人长期以来默默付出，
新中国的建设贡献自己的一分力量，在火车站
工作生活点滴构成了当时伊尔施的文化价值，
然伊尔施火车站现在已经停止了运营，但它对
时的工业发展起到了极大的作用。从贮木场到
站站房的建设再到后期被时代发展所淘汰的过
中不难看出，阿尔山市的整体规划在政府的相
政策的指导下逐渐稳步发展，具有极高的历史
业价值。现在伊尔施的"小火车"虽已退出历
舞台，却代之以新兴的两伊（伊尔施—伊敏）
路，伊尔施成为这条铁路的始发站。这条铁路
于 2010 年 3 月正式开通运营。虽然伊尔施的
制依然是村级，但由于新兴的铁路发展带动了
个伊尔施的交通规划发展，如今在村东边已然
建了个飞机场（归阿尔山市管辖）。阿尔山伊
施机场位于内蒙古阿尔山市伊尔施镇东，交通
分方便。

新建的阿尔山伊尔施机场占地 2130 亩，跑
道长 2400 米、宽 45 米。阿尔山伊尔施机场虽为
国内小型旅游支线机场，但设计目标可满足 2020
年年旅客吞吐量 29 万人次、货邮吞吐量 1782 吨、
飞机起降 3867 架次需求。

火车站站房七

火车站站房八

建筑简介

　　新城街贮木场位于兴安盟阿尔山市，工厂始建于20世纪50年代。其中工厂内包含木材加工车库、木材加工办公室、木材加工工具修理车间、木材加工车间、木材烘干厂房、木材生产车间、加工烘干车间、细木板车间、带锯车间、圆棒车间、木材干燥车间、栲胶车间等23座建筑。现阶段贮木厂已经搬迁，旧有厂房遭到抛弃，现存具有较高保存完整度的建筑仅剩木材加工车间与火车站站房。原有办公室、会议室等建筑现被改造为居民住所。

　　贮木场占地14.16公顷，历史街区核心范围为10.16公顷。建筑集中正在阿尔山市的两处，建筑布局较为紧凑，建筑彼此联系较大，按照生产流程所排布。贮木场建筑群体位于阿尔山市的北部，建筑朝向大多数为南北向个别建筑为东西朝向，建筑主体为砖混结构，建筑层高多为一层，少部分为二到三层。建筑颜色多为砖红色，或者白色，加工厂没有抹面，几乎直接把将建筑结构——红砖外露。车库建筑行涂料抹面为白色，门则刷蓝色油漆。橡胶厂宿舍、火车站站房位于阿尔山市的南部，与木场群体建筑用铁路进行连接，铁路的建设是方便货物的运输，二是方便贮木场工作人上下班。

阿尔山贮木场木材干燥车间

阿尔山贮木场木材干燥车间

史沿革

我国全国贮木场有三百余处，内蒙古贮木场量可达总数的十分之一，据数量统计有 35 处，中大部分于 20 世纪 50 ~ 20 世纪 60 年代建成，小各不相同。阿尔山市新城区贮木场就是其中一。20 世纪初，当时政府成立兴安区屯垦公署，东北军调派到索伦屯垦开荒，但由于交通不便，以决定修建一条洮安—索伦的铁路线。项目于 29 年成立洮索铁路工程局来负责整段铁路建的事宜，而材料与物资方面则由京奉铁路局拨和提供钢轨并提供修建铁路的其他物资需要。路于 1931 修至怀远镇，即今天的乌兰浩特北，路的修建暂停下来，直到"九一八"事变之后，于满铁的修建，洮索铁路工程再次提上日程，于 1934 年 4 月从全段按怀索、温杜线、索兴、温四个工区，分四段同时开工建设，最终在 39 年的 11 月末全线贯通，在 1941 年 5 月全通车，同年 11 月 1 日正式投入运营。当时正于蒸汽机车的时代，南兴安隧道中上线的牵引力为 450 吨，由于牵引力不足，需要用小的转运货物列车来满足运力的需求。铁路的建设把贮木场的这一工业建筑的使用频率以及工作效率推向了高潮。

木材储存在贮木场的过程曾经是森林产业、森林工业生产过程中不可或缺的一个阶段，其一端衔接木材生产、加工场上和其他销售渠道，另一端则是木材砍伐运输；但是由于现在时代的发展，现贮木场已经不再使用，部分建筑变成居住建筑。贮木场在 2017 年 6 月 8 日被评为内蒙古自治区历史建筑，通过对贮木场的调研，可以更加深刻了解道工业建筑遗产的影响。

阿尔山贮木场带锯车间

建筑价值

　　新城街贮木厂的建设，将原始的原木为主产品、生产方式为原始手工作业转变为采集、装运全部机械化流水作业，将单一的原木生产，改为原木、原条生产相结合的方式，在当时是林业发展史上的一个历史性的转折点，这对于整个中国林业的发展史，以及阿尔山市的经济发展都具有重要意义。虽然原贮木厂中的部分建筑均有不同程度的损坏，但工业遗址的整体布局仍然保留完整，这对于研究 20 世纪我国工业园区的布局形态帮助巨大。

阿尔山贮木场地板块车间

阿尔山贮木场地板块车间

阿尔山贮木场地板块车间

筑特征

　　贮木场最大的特点就是一条铁路贯穿整个木场，连接南北两个建筑群。南向火车站名为尔施站，白阿铁路东起吉林白城市，西至内蒙阿尔山，是内蒙古东部的重要铁路干线、国家级单线铁路，全长354.7千米，其中内蒙古段6.2千米，吉林段48.5千米，沿途途径21座站，归属沈阳铁路局管理。

　　贮木场内的车库建设于20世纪50年代，整建筑砖混结构，平房，原用于木材加工厂车库，期归个人所有，目前租用给旅游公司作为车库用。原木材加工厂办公室、木材加工厂工具修车间等建筑，建设于20世纪50年代，整体建砖混结构，平房，目前无人使用。细木板车间、木场办公室、地板块车间，建设于20世纪60代，建筑结构为砖混结构，平房，目前无人使用。

　　木材加工车间位于木材加工厂院内，建筑结为桁架结构，局部三层。车间的布局形式为少的"F"形布局，各建筑体块高度不同，组合丰富，

形成了错落有序的外部造型，立面上外露的结构柱、灰色的水泥砂浆抹面、蓝色的入口门扇以及红色的金属窗框都体现出20世纪50年代工业建筑的特点。

　　火车站站房初建于20世纪60年代，"T"字形布局，屋顶形式为双坡顶，建筑结构为砖混结构，建筑层数为一层，目前仍处于使用状态。建筑外墙的材质为红砖，与周边的厂房色调统一，风格协调。该建筑见证了20世纪70年代至80年代林业由手工作业到机械化的快速发展历程，也见证了90年代以后由于林木采伐量的大量减少对林业发展带来的影响。

贮木场内起重机工作场景

十、栲胶厂、贮木场办公室、贮木场宿舍（兴安盟）

建筑简介

阿尔山林业局成立于20世纪50年代，位于阿尔山伊尔施镇，栲胶厂、贮木场隶属于阿尔山林业局，是内蒙古大兴安岭最早开发建设的森工企业。该企业先后被评为"全国造林绿化先进单位"、"全国森工系统人工造林百万亩企业"、"天然林保护工程建设先进单位"、"自治区先进企业"、"全区企业文化建设先进单位"。

贮木场主要承担主伐林场的原条进场检斤到卸、造、选、归、装各道工序的生产。一般应设置在运材道终点并与公共交通线衔接的地方。贮木场宿舍位于阿尔山贮木场院内，建设于20世纪60年代供贮木场工作的工人休息使用。贮木场办公室建设于20世纪50年代。随着时代的发展，这两座工业建筑渐渐退出了历史的舞台，而它们的存在却见证了阿尔山林业的发展进步。

栲胶厂位于阿尔山贮木场内，建于20世60年代。栲胶厂的建设，是为了将原始的原生产为主产品、生产方式为原始手工业转变采集、装运全部机械化流水作业，现已停止使用

阿尔山贮木场办公室

阿尔山贮木场办公室

史沿革

阿尔山有着丰富的林业资源，得天独厚的史条件使其林业迅速发展起来。20世纪50年，阿尔山正式成立林业局，是内蒙古大兴安林区唯一一个处在兴安盟行政管辖区内的林局，大批的知识分子、工人从祖国各地来到里，林业等轻工业发展迅猛。1992年率先在蒙古自治区实现人工造林有效保存面积百万。自从建局以来，60余年为国家生产各种商建材，上缴税、费高达170亿元，是同期投的3.8倍。在"七五"、"八五"期间，为援国家和自治区现代化建设，推进边疆少数族地区繁荣作了巨大贡献，成为内蒙古自治率先实现人工造林有效保存面积百万亩的林局。

秉持着边砍树边造林，60年来累计完成人更新造林，使内蒙古大兴安岭林区的有林地积、活力木总蓄积、森林覆盖率分别由建局

初期上升了60.1%，提高到目前的803.39万公顷。在"十二五"期间，林区继续调减木材采伐量，将"十一五"期间年出产商品材229.6万立方米的生产量调减为年出产商品材110万立方米。

阿尔山林区铁路

阿尔山烤胶厂一

建筑价值

　　贮木场曾用于林业生产加工，虽然随着现代工业的发展已经无人使用。但它见证了20世纪70年代至80年代林业由手工作业到机械化的快速发展历程，也见证了90年代以后由林木采伐量减少对林业发展带来的影响，生态贡献巨大，在林业发展史、阿尔山市发展和建设上具有重要意义，同时为保护祖国北方这片绿色林海、为支援国家社会主义现代化建设作出了巨大贡献。

　　栲胶厂的建设，改变了原有的生产结合方式，由单一的原木生产改为原木、原条生产方式相结合，在林业发展史上是一个新的突破和转折，对于阿尔山的林业发展作出了重大贡献。

阿尔山烤胶厂

阿尔山烤胶厂

阿尔山烤胶厂

建筑特征

　　贮木场的建设对阿尔山市整体的工业发展、整轻重工业比利失衡产生了巨大的影响。在建群体的规划上实现了用于木材生产的机械、设、道路和木材贮存用地按照工艺流程的合理布，功能明确。在尊重工艺流程布局的前提条件，充分体现技术先进、经济合理的要求，使得木流程较短，行程也较短。这样，设备简化、局规整、运行方便。在总体道路规划方面，避木材流向的线路相互交叉，充分实现场地集中、备集中，有利于管理与技术的发展。虽然经过代科技技术的发展，贮木场已停止使用，但它阿尔山林业发展方面的影响不容小觑。

阿尔山贮木场办公室一

阿尔山贮木场宿舍二

阿尔山贮木场宿舍三

十一、通辽市金锣文瑞食品有限公司冷库（通辽市）

建筑简介

通辽市金锣文瑞食品有限公司冷库为历史建筑。它位于通辽市科尔沁区工业园区内，建筑年代为1960年，建筑面积7360平方米，占地面积1840平方米，建筑层数为3层，是计划经济体制下的产物，当时为原始物资储备库，目前进行禽肉加工储藏。

通辽市金锣文瑞食品有限公司冷库现状

通辽市金锣文瑞食品有限公司冷库现状

通辽市金锣文瑞食品有限公司冷库现状

史沿革

通辽金锣文瑞食品有限公司冷库于 1958 年设，当时为原始物资储备库，目前进行禽肉工储藏。冷库原为灰墙，目前已进行外立面造，但还保留原有功能，其工艺流程设备仍使用。

冷库的外立面原为灰墙，于 2015 年进行了造，现主要以白色为主色调。首层在白色涂的基础上，再用湖绿色的涂料粉刷墙裙，并立面的两个尽端设计了湖绿色的伊斯兰风格饰图案。二层和三层主要以白色的涂料为主，以网格进行分隔处理。屋面形式为平屋顶，口挑檐的颜色为白色，在色彩上服从于主色，符合建筑设计中"统一与协调"的形式美律。从整体上来说，改造后的立面一改 20 世50、60 年代传统工业建筑的风貌，更多了一现代工业建筑的韵味。

通辽市金锣文瑞食品有限公司冷库室内现状

冷库运货站台

消毒处理室

通辽市金锣文瑞食品有限公司冷库现状四

建筑价值

通辽市位于特殊的历史区位，是农耕与游牧交界之地，随着行政区位的变更，通辽市的禽肉加工产业对东北及内蒙古地区有重要的影响，冷库见证其历史发展，代表了 20 世纪 60 年代我国工业发展的水平。整体工业园区规划搬迁，冷库及其设备具有较高的历史价值。

要保护冷库建筑本体，不改变建筑高度、体量及外立面风貌，以及内部机构及空间格局。保护冷库周边附属建构筑物制冷设备、水池、铁路等与冷库的空间关系及其工作流程，对于主楼周边古树及周边环境进行整体保护，尽可能在保留原有建筑功能的基础上对其进行改造提升。若原有功能需调整，则对建筑的利用建立在对建筑的价值及通辽历史的保护和传承方面，保留能体现历史的一切元素及环境。

通辽市金锣文瑞食品有限公司冷库航拍图

走道　　　　　　　　　　挑

通辽市金锣文瑞食品有限公司冷库现状

筑特征

从建筑的整体造型上看，建筑体块的设计减法为主，设计中对体块的多个部位进行了割，从而形成了高低错落、富有层次感的体关系。建筑的主体结构为混合结构，冷库内使用无梁楼盖与带有椎体状柱帽的方柱作为重构件，但在冷库外围的交通空间中采用了梁、板、柱作为承重构件的框架结构。

建筑前有轨道，运输便利，站台处有白色挑檐。冷库立面通体呈白色，平屋顶屋面、口带挑檐。首层墙裙处涂有湖绿色涂料，外有网格分缝线，正立面大门为铁锈红色双扇动推拉式金属门。三层、四层立面开小窗，户形式为无色单层玻璃窗、铁锈红色细金属框，窗形式与首层白色窗框的推拉窗形成对，使建筑具有变化。建筑两侧有湖绿色涂料伊斯兰风格装饰图案，与墙裙处色彩相呼应，得鲜艳的色彩不那么突兀。主体建筑侧面有高为两层的辅助用房，主要起办公作用，由心黏土砖砌筑而成。建筑有挑檐，使用色彩、

屋顶形式与主体建筑相同。通过层高、体量与主体建筑形成对立统一，符合建筑形式美特征。

该结构形式一直保存至今，没有经过任何的改造与重置。该建筑的内部功能空间的组织方式也没有改变，内部的钢筋混凝土楼梯还保留着水泥砂浆的抹面，再加上蓝黄两色的金属栏杆，极具年代感。

通辽市金锣文瑞食品有限公司冷库流线便捷，送货平台与广场紧邻轨道，卸货处有宽敞广场。建筑内部货运电梯使得运送货物便利。

通辽市金锣文瑞食品有限公司冷库航拍图二

十二、集宁八大仓（乌兰察布市）

建筑简介

　　集宁八大仓建筑群建成于 20 世纪 50 年代末，位于集宁桥西片区西北，新华街北侧，铁军山路西侧，G55 高速公路东侧，京包铁路线南侧。街区占地面积约 32.72 万平方米，其中八大仓库占地约 3.21 万平方米，现有原貌建筑面积约 23542 平方米，大部分建筑由苏联于 1952 年援建。建筑群总体走向为东西走向，范围内共有 12 个仓库，一类历史建筑五幢，二类历史建筑一幢，编号为 1 到 6，建筑为砖混结构，木桁架双坡屋面，整体建筑保存良好。建筑初始使用功能主要是重要物资集散仓储转运，主要包括土产仓库、百货仓库、五金仓库、糖酒仓库、生产物资仓库、医药仓库和食品仓库等以及生产生活用房等建筑。现大部分仓库建筑仍由市商务局下属的市商业储运公司进行外租作为仓库使用，部分仓库已出售用于解决下岗职工安置，其他办公、居住等建筑目前产权归属商务局，部分闲置，部分由当地居民作为居住建筑使用。

集宁八大仓 1 号仓库

集宁八大仓航拍图

内蒙古历史建筑丛书

188

近现代工业建筑

史沿革

坐落在集宁区桥西新建路11号的集宁八大库，始建于1952年，是计划经济年代和人们生活息息相关的地方，这里是人们对生活最往的地方。在那个年代，公路不发达，汽车少，一切货物的运输首先想到的就是火车，有的供应单位都要用铁路专线，从南站出来经过去的木材公司、燃料公司、土产、生产进入八大库。这条铁路专用线现在处于闲置态。这就是集宁人口中的铁路专用线，如今经闲置多年了。在铁路专线两侧共有12栋国标准库，其中：铁路专用线北有6栋，每栋39.84平方米；铁路专用线南有6栋，每栋06.402平方米，12栋共计18277.452平方米。此之外还有后来企业在20世纪60、70年代续盖的1000平米库11栋，400~600平方米栋，剩下的大小不等的还有40多间。

八大库资产原属于市二级批发站，百货站、五金站、纺织站，糖酒站、食品公司、储运公司的资产。2006年，全部由市政府划转给市城投开发公司用于融资。2000年企业转制时，员工大部分买断，只剩下留守人员负责西大库的安全保卫工作。现在大部分仓库出租，主要放些土产、电器、米面、三轮、饲料等。如今，所有的库房都空荡荡的，这里再也听不到当年机车的吼声，再也听不到装车卸车工人的号子声，连往日人们行走的路也变成了荒草滩，只有笔直的钢轨在那里静静地躺着。

集宁八大仓航拍图二

建筑价值

　　集宁八大仓是集宁发展历史进程中的重要见证，具有重要的保护和利用价值。1952年内蒙古自治区人民政府机关由察哈尔省张家口迁往绥远省归绥市。以铁路转运线两侧分建，整个库区东西约500米，南北约400米，两侧仓库建筑面积约18170平方米。平地泉贸易公司由百货、烟草、土产、石油、五金、糖酒、食品、医药8个部门组成，形成现在的"八大仓库"。街区格局传统、历史风貌特色鲜明，部分保存完好的仓库内部结构具有一定的保留价值，体现历史工艺特色，具有一定的历史文化价值。

集宁八大仓1号仓库

集宁八大仓2号仓库

集宁八大仓航拍图三

内蒙古历史建筑丛书

近现代工业建筑

筑特征

集宁八大仓历史建筑作为那个年代和人民活息息相关的重要生产库，有人曾经形容它是人们的衣食父母，起到不可磨灭的作用，所属区域内具有一定标志性和象征性，具有众普遍认同的场所感，有很高的社会文化价和艺术价值。建筑沿铁路转运线分布两侧，体走向为东西走向，呈"一字形"排列，建内部实现了对空间的最大化利用，建筑形体空间布局在一定时期具有先进性、代表性。筑采用砖混结构，屋顶为木桁架双坡屋顶，墙采用红砖砌筑，建筑结构和建筑材料反映时的建筑工程技术和科技水平，具有较高的学价值。建筑侧墙开高窗，山墙面有竖向分割，俄式建筑风格特点的体现，檐口处利用退台计，增加建筑层次感，细部有一定的艺术价和特色。总体设计极具历史风貌特色，是20世纪50年代仓库建筑的典型代表，具有较高的历史保护价值。

集宁八大仓 2 号仓库二

集宁八大仓航拍图四

集宁八大仓 2 号仓库鸟瞰

集宁八大仓 3 号仓库

集宁八大仓 3 号仓库二

集宁八大仓 4 号仓

集宁八大仓 5 号仓库

集宁八大仓内部结

集宁八大仓 6 号仓库

集宁八大仓 6 号仓库航拍

内蒙古历史建筑丛书

192

近现代工业建筑

集宁八大仓现状

集宁八大仓 5 号仓库航拍图

十三、集宁肉联厂（乌兰察布市）

建筑简介

　　集宁肉联厂始建于 1953 年，由苏联援建。位于乌兰察布市中心城区，集宁老城片区，解放大街东端，霸王河西路西侧，110 国道北侧，电厂路东侧，民建大街南侧。总面积为 33 公顷。是当时我国华北地区最大的肉类加工企业。由于地理位置优越、交通便利，集宁肉联厂生产的"长城"牌猪、羊肉罐头等还曾经远销苏联、蒙古、东南亚等国家和地区，20 世纪 70、80 年代企业最鼎盛的时期有职工 3000 多人。

　　集宁肉联厂是集宁城市近代发展的一大缩影，反映了城市的蜕变与升华。肉联厂是集宁城市发展的见证者，是集宁历史上重要的工业遗产之一。

集宁肉联厂第二冷库

集宁肉联厂第二冷库

集宁肉联厂航拍图

内蒙古历史建筑丛书

近现代工业建筑

史沿革

1956 年商业部在集宁安排了一个国家建设目——《新建内蒙古集宁肉类联合加工厂项》。1956 年 3 月 12 日内蒙古集宁市肉类联加工厂动工兴建。1957 年建成投产。自 1957 "集宁肉联厂"的建设竣工，引领了集宁地工业十年大发展。1958 年建成罐头、香皂和药三大骨干车间，形成了一个综合配套、各产品并茂的联合加工企业。1960 年，完成全工业总产值 2700 万元，国家把集宁列为更美展规划城市范畴。1979 年，经自治区食品公决定将肉联厂一分为二，原企业名称不变还"集宁肉类联合加工厂"，成立一家新企业称为"集宁生猪肉类加工厂"。1984 年，肉二厂划归到乌兰察布盟，作为乌兰察布盟直企业归口到乌盟商业处管理。1986 年后，由经营管理的原因，企业开始亏损直至破产，

并于 1997 年被华北双汇集团兼并。2016 年企业全面停产。随着集宁区的城市发展建设，霸王河西街的建设直接导致部分建筑被拆除，厂区规模缩减。双汇集团的进入对厂区部分建筑进行了拆除新建，包括新增行政办公楼和职工宿舍楼。肉联厂生产线主体工业建筑群保存较为完整。

集宁肉联厂第二冷库三

集宁肉联厂航拍图二

建筑价值

在集宁肉联厂历史街区地段内保留着大量工业机械及管道运输设备等，这些工业设备是街区空间重要的组织元素，以其不可再生性和独特性，无可争议地成为工业格局不可分割的一部分，同时也是工业遗址历史风貌的重要组成部分；其本身也包含着丰富的历史信息，是历史文化与工业文化的特色载体，具有历史文化价值。

同时还具有十分突出的保护价值，主要表现在以下五方面：第一，是"一五计划"期间苏联援建的国家重要工业项目。苏联的156工程极大的提速了中国的工业化进程，这些工程最大的意义就是，加速了中国基础工业尤其是重工业的建设进程，是中苏深厚革命友谊见证。第二，是反映时代特征的工业建筑群。由苏联援建，工业建筑群体现了苏联工业建筑设计理念，建筑风格特点鲜明，具有研究观赏价值。第三 ，是保存完整的当代工业遗产典范。工业建筑和工艺流程保存完整，能够反映当时工生产技术。第四，作为集宁老牌工业企业，载着集宁数代人的生产生活记忆，是集宁重的城市记忆载体。

集宁肉联厂第一冷库

集宁肉联厂航拍图

内蒙古历史建筑丛书

近现代工业建筑

筑特征

集宁肉联厂历史街区建筑风貌分类的主要依据是功能的区别，功能的不同导致了建筑在量、形态、立面造型、色彩等都有所不同。联厂建筑风貌主要节点有三个：一、冷却塔肉联厂工业园区的历史见证，是肉联厂标志的历史风貌建筑。外形结构完整，但支撑结构较差，需要进一步加固支撑；二、第二冷库肉联厂的核心建筑，集运输、屠宰牲口、加工、藏为一体的生产类建筑。其外形是典型的工建筑形制，具有保留价值；三、备品备建库筑的整体风貌有苏联式建筑的影子，在历史值上和整体观感上都具有强烈的历史风貌感，具保留价值。

除有特色的三个节点风貌建筑外，将其他筑分为棚圈／仓储类风貌建筑、行政／生活风貌建筑、生产类风貌建筑。同时作为一个业建筑群，其工业空间的划分主要基于生产工业建筑周围一定范围内的道路、绿化景观、

开场空间、堆场、管线覆盖空间等具有一定工业氛围的空间组合。街区中最早建设的建筑，构成街区肌理特征，形成独特工业风格的建筑及建筑群。

集宁肉联厂第一冷库二

集宁肉联厂航拍图四

集宁肉联厂第一冷库三

集宁肉联厂第一冷库

集宁肉联厂第一冷库五

集宁肉联厂第一冷库

集宁肉联厂第一冷库七

集宁肉联厂第一冷库

集宁肉联厂木制冷却塔一

集宁肉联厂第一冷库

集宁肉联厂第一冷库十

集宁肉联厂木制冷却塔二

建筑简介

太阳庙农场原兵团机运连机库是巴彦淖尔市第一批历史建筑之一，位于巴彦淖尔市杭锦后旗。杭锦后旗地处河套平原。东边紧挨临河区，西侧临近磴口县与乌兰布和沙漠，南望黄河与杭锦旗，北傍阴山。

地处巴彦淖尔市西部的太阳庙农场，处在沙漠边缘，东部邻着河套平原，北傍阴山，位于三旗交汇处，分别是杭锦后旗、乌拉特后旗和磴口县三个旗、临策铁路与临哈高速建成后将穿境而过，同时在农场设立临策铁路的农垦货站。

农场共占地 23 万亩（其中有 17 万亩在杭锦后旗，4 万亩在磴口境内，两万亩在乌拉特后旗），其中 1.4 万亩为耕地，1.6 万亩为水域，约 19 万亩为没有利用的荒滩沙地，其中农场一分场境内包含沙漠主峰"昆德隆素"和"乌兰

布"，约 8 万亩，其他用地约 1 万亩。太阳农场下管理有八个农业分场，太阳庙农场原团机运连机库就在其中一个农场分场里。

太阳庙农场原兵团机运连机库

太阳庙农场原兵团机运连机库

内蒙古历史建筑丛书

近现代工业建筑

史沿革

位于太阳庙农场的原兵团机运连机库建设1969年，是重要历史机构旧址，农场前身为京军区内蒙古生产建设兵团一师四团，随着69年组建兵团而建设兵团机运连机库，1975在原北京军区内蒙古生产建设兵团一、二、师的基础上成立巴彦淖尔盟农牧场管理局，阳庙农场隶属巴彦淖尔市农垦局，2013年1 16日整建制移交杭锦后旗。太阳庙农场原兵机运连机库也一直保存到了今天，并在政府管理下于2019年9月21日完成招标，开始杭锦后旗太阳庙农场原兵团机运连机库历史筑进行修缮。

太阳庙农场原兵团机运连机库三

太阳庙农场原兵团机运连机库四

太阳庙农场原兵团机运连机库五

建筑价值

太阳庙农场原兵团机运连机库具有历史价值，即往昔的价值，19世纪末20世纪初李格尔将遗产价值分为两大类四部分，往昔价值与现时价值，太阳庙农场原兵团机运连机库的历史价值是经年岁月印痕留给他的，有着历史的记忆，见证了内蒙古生产建设兵团的发展历程，不仅是工业生产社会的历史产物也是人类文化发展的重要组成部分。如李格尔所说"年代价值至关重要，岁月沧桑不容抹杀"。

其次，太阳庙农场原兵团机运连机库还具有现实价值，现实价值一是指艺术价值（即观赏价值与美学价值），二是指利用价值。太阳庙农场原兵团机运连机库的利用价值在于它承载了一代代产业工人的记忆，记载了产业工人与家属及后代的日常活动，是一个空间的演变过程，我们今天虽然还原不了他们的生活状态，但是可以通过妥善修复使人们能看到过去的回忆，也可以继续教导后代学习历史；了解工业社会发展进步的过程，增强人们的社会认同与归属感，复原场所精神。

太阳庙农场原兵团机运连机库还具有科研究价值，国家文物保护法，把文物的鉴定为四块，分别是：历史价值、文化价值、艺价值、科学研究价值。随着土地资源的紧缺目前我国现存的工业遗址在大拆大建的过程越来越少，而通过太阳庙农场原兵团机运连库通过妥善修复是可以为研究者提供宝贵资的。在选址、布局与城镇规划及整体的工业观方面，太阳庙农场原兵团机运连机库都具研究价值。

太阳庙农场原兵团机运连机库六

筑特征

　　太阳庙农场原兵团机运连机库以连续的弧
屋顶构成，通过重复运用和组合这些几何单
给人以强烈秩序感，每一个圆弧下方都对应
个军绿色的大门与鲜红的五角星，使人们看
革命年代的痕迹，又赋予了建筑年代感。经
月洗礼的机运连机库在重新修整后以新的面
呈现给人们，却又不失历史的痕迹，当我们
历史和文化的眼光去审视这个随着科学技术
步和产业转型升级而被淘汰的工业遗存，它
工厂（场）及其附属物建筑方面的规划设计
建造上显现出重要美学价值，是人类文化的
贵财富。

太阳庙农场原兵团机运连机库七

太阳庙农场原兵团机运连机库八

太阳庙农场原兵团机运连机库九

十五、额济纳旗苏泊淖尔苏木粮仓（阿拉善盟）

建筑简介

　　额济纳旗苏泊淖尔苏木粮仓位于苏泊淖尔苏木伊布图嘎查，始建于20世纪70年代，土木结构，占地1050平方米，建筑面积130平方米。建筑群体呈分散式布局，靠近马路，粮食运输十分便利，粮仓部分为三个土圆仓和两间房式仓。

额济纳旗苏泊淖尔苏木粮仓现状

额济纳旗苏泊淖尔苏木粮仓现状

额济纳旗苏泊淖尔苏木粮仓航拍图一

史沿革

中国是一个农业大国，粮食的生产及储存具悠久的历史，根据中国近五十年来大量出土的物和历史考证，中国原始农业启蒙于旧石器时晚期，发展于新石器时代（距今约一万年左右）。粮食的储藏是农业栽培的继续，储藏技术是伴着农业的发展而发展的。进入新石器时代以后，着原始农业的发展，农业生产形成了一定的规，粮食出现了剩余，才逐渐由粮食加工发展到藏。

中国近代战伐不断、政权不稳，农业生产遭很大破坏，粮食产量很低，粮食严重短缺，因粮食储藏技术及仓房的建设发展迟缓。新中国立时，我国库容量仅有1260万吨。而且大多仓房非常简陋，常为砖木结构和竹木结构，每的仓容量只有3万公斤~6万公斤。同时还有部分仓房是利用和改造的祠堂、庙宇，储藏条均不能满足条件。

1955 ~ 1960年，在全国各行业向苏联学习的形式下，粮食建仓中学习引进了苏联的机械化房式仓，即"苏式仓"。该仓型在全国普遍推广建设，砖墙，5米-10米-5米三跨木屋架（中间两根木柱），3米开间，廒间长54米，檐墙堆粮高2米~2.5米，斜堆，廒间仓容2500吨（当时号称500万斤大仓），沥青砂地面，墙刷热沥青防潮，砂浆抹面。标准的"苏式仓"是考虑了机械化作业的，木屋架中部留有2米×2米的地沟，内装出粮皮带机。由于当时经济实力差，钢材、橡胶原材料不足等实际情况，后期建"苏式仓"时，取消了天桥、地沟，此仓也成"标准仓"。

1964 ~ 1974年间根据战备的要求，粮库的建设应以"隐蔽、分散、靠山、机动"为建设方针，在一些山区、偏僻地域建设了一批粮仓，后来由于粮源、交通等各种原因，装粮很少。同时在全国也建造了一些小型的砖木结构房式仓和"土圆仓"。1975 ~ 1983年主要仓型仍是房式仓，砖墙承重，混凝土地，装粮高3米~3.5米，采

额济纳旗苏泊淖尔苏木粮仓航拍图二

取的主要屋盖结构：钢筋混凝土组合屋架，钢筋混凝土门式钢架，预应力钢筋混凝土栱板顶等。

1983～1991年，根据农业和粮食的发展状况，国务院于1983年11月批准了粮食仓库、棉花仓库、水果仓库的"三库"建设，这是自"苏式仓"之后的一次统筹规划的大规模粮库建设，其中用于粮库建设的基建投资16.5亿元，建设总仓容1500万吨。仓型仍以房式仓为主，结构多为砖混结构，但是装粮高度一般为4.5米至5.0米，仓房跨度以18米、20米为主。

1992～1997年为促进粮食流通，提高仓储作业机械化程度，1992年在全国兴建的18个机械化骨干粮库和利用世界银行贷款改善中国粮食流通项目是中国粮仓建设是上的一个新起点。

1998～2001年共进行了1000多亿斤仓容的中央直属储备库建设，是空前的大规模储备粮库建设。此次建仓以房式仓为主，其他仓型有浅圆仓和立筒仓。

额济纳旗苏泊淖尔苏木粮仓位正是建于20

世纪70年代，这一类型的粮仓因地制宜，造价低，储粮安全稳定，形成了我国储粮仓型的一大特色。

额济纳旗苏泊淖尔苏木粮仓现状

额济纳旗苏泊淖尔苏木粮仓航拍图三

内蒙古历史建筑丛书

近现代工业建筑

筑价值

　　该建筑为研究当地政治、经济及农民生产、活水平提供了一定的参考，同时也承载着老辈的记忆。粮仓的建设史，积累了丰富的建经验。粮仓建设应将充分保障粮食储藏安全在首位，仓型的选择应因地制宜，根据各地气候条件、地质结构、粮种特点、粮库性质功能而确定适宜的仓型。

筑特征

　　粮仓建筑要具备防潮性、隔热性、通风性、密性、防虫、防鼠雀、防火性、便于机械化业、利于散装储粮、坚固抗震性等要求。额纳旗苏泊淖尔苏木粮仓的土圆仓部分屋顶为攒尖顶，建筑形体呈圆柱体，建筑形象饱满。筑材料为混凝土，在墙面涂抹当地的黏土，到防潮作用并增强建筑气密性，仅开小窗以通风。屋顶处用一根长横木来承托屋顶荷载，

横木两端嵌入墙体。在屋顶框架上覆编好的草席和油布，使得建筑室内保持干燥。

额济纳旗苏泊淖尔苏木粮仓现状四

额济纳旗苏泊淖尔苏木粮仓航拍图四

后记

　　《内蒙古历史建筑丛书》是自治区住房和城乡建设厅为认真学习、宣传、贯彻习近平总书记考察内蒙古时的重要讲话精神，大力弘扬中华传统建筑文化的具体举措。在自治区建设、规划、文物、考古部门有关专家的通力协作下，编撰了这套五卷本的内蒙古历史建筑丛书。

　　本丛书是编者通过广泛收集资料和调查考证，在掌握了大量信息资料的基础上，经过认真分析研究，系统整理，数易其稿后编撰而成。本丛书较全面地介绍了全区各地现存的革命遗址建筑、古遗址、古建筑、重大历史建筑、少数民族建筑及近现代以来的各种重要建筑，是内蒙古自治区有史以来的第一套图文并茂、内容广泛的历史建筑类丛书。

　　因该套丛书是一部专业性较强、涉及面较广、体量较大的丛书，在编撰本书的过程中，曾面临和经历了很多的困难和挑战，但是在各位编撰和编务人员的不懈努力下，最终完成了这项工作。

　　《内蒙古历史建筑丛书》是集体智慧的结晶，从开始编撰到出版期间，得到了内蒙古自治区文化局、内蒙古自治区博物院、内蒙古自治区文物考古研究所、内蒙古自治区文物保护中心、内蒙古启原文物古建筑修缮工程有限责任公司、内蒙古工大建筑设计有限责任公司、呼和浩特市城乡规划设计研究院等单位大力支持，并提供了相关资料，特此表示感谢！

　　在此，也对中国建筑出版传媒有限公司的编辑和专家付出的辛勤劳动表示衷心的感谢！

　　这套丛书，尽管已经成书付印，但由于编撰时间紧，加之编者水平有限，书中难免有缺点和不足之处，敬请各位读者批评指正。